"十四五"时期国家重点出版物出版专项规划项目

鲲鹏技术丛书

丛书总主编

郑骏 林新华

鲲鹏

应用开发与迁移

华为技术有限公司 ◎ 组编

胡文心 杨静 ◎ 主编

周清平 聂明 马力 李光荣 ◎ 副主编

人民邮电出版社

北 京

图书在版编目（CIP）数据

鲲鹏应用开发与迁移 / 华为技术有限公司组编 ; 胡
文心，杨静主编. -- 北京 : 人民邮电出版社，2024.
（鲲鹏技术丛书）. -- ISBN 978-7-115-65714-5

Ⅰ. TN929.53

中国国家版本馆 CIP 数据核字第 2024SZ1618 号

内 容 提 要

本书以鲲鹏应用开发与迁移为主线，分为概述篇、开发篇和迁移篇 3 篇。本书共 8 章，分别为鲲鹏生态与解决方案、应用架构设计、鲲鹏招聘系统数据库设计与实现、开发构建、应用开发、应用迁移、应用部署、应用日志云上处理与分析。

本书内容简洁、技术实用，旨在帮助读者了解并熟悉鲲鹏应用开发与迁移的相关技术及应用。本书适合计算机行业的相关专业技术人员，以及对相关知识感兴趣的读者阅读，也适合作为高校计算机相关专业的教材。

◆ 组　　编　华为技术有限公司
　　主　　编　胡文心　杨　静
　　副 主 编　周清平　聂　明　马　力　李光荣
　　责任编辑　左仲海　王照玉
　　责任印制　王　郁　焦志炜
◆ 人民邮电出版社出版发行　　北京市丰台区成寿寺路 11 号
　　邮编　100164　电子邮件　315@ptpress.com.cn
　　网址　https://www.ptpress.com.cn
　　大厂回族自治县聚鑫印刷有限责任公司印刷
◆ 开本：787×1092　1/16
　　印张：12.25　　　　　　　　　　2024 年 12 月第 1 版
　　字数：327 千字　　　　　　　　2024 年 12 月河北第 1 次印刷

定价：59.80 元

读者服务热线：(010)81055256　印装质量热线：(010)81055316
反盗版热线：(010)81055315
广告经营许可证：京东市监广登字 20170147 号

前　言

"鲲鹏技术丛书"

《逍遥游》中有句:"北冥有鱼,其名为鲲。鲲之大,不知其几千里也;化而为鸟,其名为鹏。鹏之背,不知其几千里也;怒而飞,其翼若垂天之云。是鸟也,海运则将徙于南冥。"华为技术有限公司(以下简称华为)选用"鲲鹏"为名,有狭义和广义之别。狭义的"鲲鹏"是指鲲鹏系列芯片,而广义的"鲲鹏"则指代范围很广,涵盖华为计算产品线的全部产品,包括鲲鹏系列芯片、昇腾系列 AI 处理器、鲲鹏云计算服务、openEuler 操作系统等。

"鲲鹏技术丛书"是"十四五"时期国家重点出版物出版专项规划项目图书。基于国产基础设施进行应用迁移是实现信息技术领域的自主可控和保障国家信息安全的关键方法之一,本丛书正是在上述背景下创作的。本丛书将计算机领域的专业知识、国产技术平台和产业实践项目相结合,通过核心理论与项目实践,培养读者扎实的专业能力和突出的实践应用能力。随着"数字化、智能化时代"的到来,应用型人才的培养关乎国家重大技术问题的解决及社会经济发展,因此以创新应用为导向,培养应用型、复合型、创新型人才成为应用型本科院校与高等职业院校的核心目标。本丛书将华为技术与产品平台用于计算机相关专业课程的教学,以科学理论为指导,以产业界真实项目和应用为抓手,推进课程、实训相结合的教学改革。

本丛书共 4 册,分别是第 1 册《鲲鹏智能计算导论》、第 2 册《openEuler 系统管理》、第 3 册《华为云计算技术与应用》和第 4 册《鲲鹏应用开发与迁移》。其中,第 1 册是后 3 册的基础,后 3 册之间没有严格的顺序。建议读者先阅读第 1 册打好基础,然后根据自己的学习兴趣选择对应的分册进行阅读。

本书目标

本书是"鲲鹏技术丛书"的第 4 册,详细介绍了鲲鹏生态与解决方案、应用架构设计、数据库设计及基于 GaussDB 的实现、使用 CodeArts 的管理开发及应用构建、鲲鹏计算平台应用软件开发综合案例、鲲鹏代码迁移、容器化应用部署及 ELK 日志管理系统等内容。本书结合具体应用案例,以实践内容为特色,旨在帮助读者熟悉鲲鹏生态与解决方案,使读者能够基于鲲鹏生态完成应用架构设计、数据库设计与实现、应用开发与迁移等任务,具备基于鲲鹏生态的应用开发与迁移能力。

配套资料

本书的相关配套资料可以在人邮教育社区(www.ryjiaoyu.com)下载。

编写团队

　　本书由华为技术有限公司组编。本书的编写团队由浙江华为通信技术有限公司的技术专家和从事相关领域研究的高校专家学者组成，团队成员发挥各自的优势，确保本书内容具有良好的实践性、应用性与科学性。

　　本书的编写团队成员包括华东师范大学的胡文心和杨静、吉首大学的周清平、南京信息职业技术学院的聂明、沈阳职业技术学院的马力、南宁职业技术大学的李光荣，以及浙江华为通信技术有限公司的韩雪、路都行、叶何蔚、邵丽、李润文等专家。

　　由于编者水平有限，书中难免存在不足之处，敬请读者海涵并不吝指正。

编者

2024 年 10 月

目　录

概述篇

第1章
鲲鹏生态与解决方案

学习目标

- 了解鲲鹏生态及其业务应用场景。
- 学习基础的鲲鹏应用开发与迁移流程。

计算是人类认知世界的一种模式。从大型计算机到个人计算机（Personal Computer，PC），从智能手机到可穿戴设备，计算能力日益成为人类能力的延伸。

在 5G、人工智能（Artificial Intelligence，AI）、物联网、云计算等技术融合发展的背景下，数据、算法和算力变得更加重要。

全球数据量正在迎来新一轮的爆发式增长，与此同时，应用场景的多样化使得数据存储、数据传输、数据处理需求呈指数级增长。

算法是指事先定义好的、计算机可实现的，用于解决某类问题的方法。算法常被用于优化计算、数据处理等各类任务。算法需要是计算机可实现的，这意味着底层硬件算力需要支撑上层软件算法。在硬件算力固定的情况下，软件算法层面的优化可以提升应用性能，如鲲鹏计算产业中开源的系统软件能对算力资源进行精细化管理，构建应用所使用系统资源的动态模型，实现软硬件协同，从而进一步提升算力。

算力水平与国家经济发展水平息息相关。信息与通信技术（Information and Communication Technology，ICT）的蓬勃发展加速了计算应用创新，面对未来万物互联的多元化算力需求，单一的 x86 芯片架构难以满足复杂场景的算力性能要求。算力的需求驱动计算架构向多元化发展。其中，以 ARM 架构为代表的精简指令集计算机（Reduced Instruction Set Computer，RISC）通用架构处理器在云-边-端协同计算的时代具备显著优势。

2021 年 3 月公布的《中华人民共和国国民经济和社会发展第十四个五年规划和 2035 年远景目标纲要》提出了"坚持创新在我国现代化建设全局中的核心地位，把科技自立自强作为国家发展的战略支撑""强化国家战略科技力量""打好关键核心技术攻坚战"。集成电路是目前我国急需突破并持续攻关的科技核心领域，而从芯片底层架构提升算力水平和能力有望突破目前的瓶颈。

华为旗下的芯片设计公司海思半导体（以下简称华为海思）采用了 ARMv8 架构，全自研设计了鲲鹏系列芯片，实现了芯片底层架构的创新。基于鲲鹏系列芯片发展的鲲鹏计算产业致力于发展千行百业 ICT 生态，培养满足国家长远发展需求的数字产业从业人员，推动国内开发人员在安全可控、多元化的计算平台上实现科技创新，在数字化时代提升我国在核心领域的全球竞争力。

本书以在鲲鹏计算平台上开发鲲鹏招聘系统后端服务为贯穿全书的案例，介绍如何在鲲鹏计算平台上进行后端开发，以及如何将现有的开源应用迁移到鲲鹏云平台上。本章主要讲解鲲鹏生态、鲲鹏的业务应用场景，以及鲲鹏应用开发与迁移的基础知识。

1.1 鲲鹏生态简介

鲲鹏是一款华为海思设计的通用计算中央处理器（Central Processing Unit，CPU）芯片产品，但它在鲲鹏生态中的含义有所延伸，鲲鹏不再局限于芯片产品，而是在新的计算架构平台上，包含软硬件生态和云服务生态的概念。

鲲鹏系列是华为海思自主研发的单片系统（System on Chip，SoC）产品，可为 PC 和服务器提供通用算力。

当前主流的 CPU 架构有 x86、MIPS 和 ARM 等。

（1）x86 属于封闭的硬件架构，因发展多年，x86 架构针对的计算场景比较完善，生态相对完备。x86 架构中每个核都集成了较多的计算单元，通过调用指令集完成功能，属于重核架构，所以单核性能优良，但是在技术演进方向、更新迭代及供应等方面开放性不足。

（2）MIPS 架构是开源的轻核架构，但性能较差。

（3）ARM 架构是开放的多核架构，在大数据、并行计算等领域中优势明显，有较为均衡的性能功耗比。ARM 公司采取积极的商业策略，向众多合作伙伴授权，共同营造了 ARM 端到端的生态，目前 ARM 产业链逐渐趋于完善。

目前，国产 CPU 有龙芯（中国科学院计算技术研究所设计）、申威（江南计算技术研究所设计）、兆芯（上海兆芯集成电路股份有限公司设计）、飞腾（飞腾信息技术有限公司设计）、海光（海光信息技术股份有限公司设计）和华为鲲鹏系列芯片等。华为鲲鹏系列芯片采用了 ARMv8 架构，面向数据中心级服务器芯片，提供通用计算能力的 CPU。ARM 架构正在成为全球主流 IT 厂商的共同选择。

表 1-1 为主流 CPU 架构特点对比。

表1-1　主流 CPU 架构特点对比

项目	x86	ARM	MIPS
代表厂商	英特尔、超威半导体（AMD）	富士通、华为、安培、飞腾等	龙芯中科
指令集	复杂指令集计算机（Complex Instruction Set Computer，CISC）。单条指令通常需要在多个时钟周期内完成	RISC。单条指令可在单个时钟周期内完成，复杂任务需要使用多条指令完成	RISC
处理器	高功耗处理器	低功耗处理器	低功耗处理器
生态	生态成熟，通用性强，主要面向 PC 和服务器	生态正在快速发展中，面向移动设备、服务器和 PC	生态局限，聚焦日常办公

续表

项目	x86	ARM	MIPS
商业模式	封闭架构,英特尔和超威半导体互相授权,对外销售产品	开放平台,ARM 销售架构许可证或产品给厂商。有能力的芯片设计厂商可根据授权许可证自行研发产品	提供开源内核和授权许可的商业内核
虚拟化	支持 CPU、内存等虚拟化	使用 Hypervisor 完成硬件虚拟化	暂不支持输入/输出(Input /Output,I/O)虚拟化

如果一个芯片或其他硬件设备能适用于所有计算领域,那么其硬件设计和制造难度会很大;但是如果针对特定场景,挖掘同类场景下计算资源的使用特征、I/O 资源的负载特征,则可以根据不同场景的特征向量设计有针对性的处理器以及上层的存储和系统软件模块,这将带来很大的算力提升。

华为基于算(计算性能)、存(存储效率)、传(网络传输)、管(系统管理)、智(AI 应用)5个子系统的鲲鹏系列芯片族,构建了能够提供多元算力的泰山(TaiShan)系列服务器。TaiShan 200服务器(型号 2280)的外观如图 1-1 所示。全自研服务器 TaiShan 200 所使用的芯片如图 1-2 所示。

图 1-1　TaiShan 200 服务器(型号 2280)的外观

算	存	传	管	智
华为鲲鹏 920 ARM处理器芯片	Hi1812 智能SSD控制芯片	Hi1822 智能融合网络芯片	Hi1710 智能管理芯片	Ascend 310/910 AI芯片

图 1-2　全自研服务器 TaiShan 200 所使用的芯片

常见的芯片有 ARM 处理器芯片、智能固态盘(Solid State Disk,SSD)控制芯片、智能融合网络芯片、智能管理芯片、AI 芯片等,这些芯片在各自的特定领域中发挥着不可或缺的作用,共同推动了计算性能、存储效率、网络传输、系统管理和 AI 应用的显著进步与创新。

1. ARM 处理器芯片

ARM 处理器芯片目前已有鲲鹏 916 系列和鲲鹏 920 系列。鲲鹏 916 系列为采用 16nm 制程工艺的 32 核通用计算处理器,应用在华为 TaiShan 100 系列服务器中。鲲鹏 920 系列为采用 7nm 制程工艺的通用计算处理器。鲲鹏系列处理器规格如表 1-2 所示。

表 1-2　鲲鹏系列处理器规格

系列	型号	核数	主频/GHz	内存通道	热设计功耗/W
鲲鹏 916	5130	32	2.4	4	75
鲲鹏 920	7265	64	3.0	8	200
	7260	64	2.6	8	180
	5255	48	3.0	8	170
	5250	48	2.6	8	150
	5230	32	2.6	8	120
	5220	32	2.6	4	115
	3210	24	2.6	4	95

2. 智能 SSD 控制芯片

SSD 也被称为电子硬盘或固态电子盘，其由控制单元和固态存储单元组成。SSD 在接口规范、定义、功能及使用方法上与传统硬盘相同，在产品外形和尺寸上也与传统硬盘一致。其特别之处在于没有机械结构，利用独有的 NAND Flash 特性，以区块写入和擦除方式读写数据。

SSD 没有传统硬盘的磁性介质和驱动电动机，具有性能高、能耗低、抗震性强、稳定性好等优点。

华为在 2005 年就启动了 SSD 控制芯片的研发，推出的 Hi1812 芯片采用了 16nm 制程工艺，成功实现了 PCIe、NVMe 与串行 SCSI（Serial Attached SCSI，SAS）协议的融合，支持 PCIe 3.0 与 SAS 3.0 接口标准，还具备 PCIe 热插拔功能。Hi1812 芯片集成了多项智能化特性，如智能加速技术、多流处理能力、原子写功能、服务质量（Quality of Service，QoS）管理机制等。

3. 智能融合网络芯片

智能融合网络芯片可以支持多种传输协议，如传输控制协议（Transmission Control Protocol，TCP）、基于融合以太网的 RDMA（RDMA over Converged Ethernet，RoCE）协议和 NVMe-over-Fabrics 等。通过 RoCE 协议，能够将用于网络传输的 CPU 算力释放出来，由网络芯片提供算力，提升 CPU 算力的利用率。

除此之外，智能融合网络芯片基于 ARM 的可编程内核制造，可以针对不同的应用场景模型进行定制化开发。

4. 智能管理芯片

智能管理芯片 Hi1710（或 Hi1711）内置 AI 管理引擎与智能管理算法，提供智能故障管理能力，包含运算模块、I/O 模块和安全模块。

5. AI 芯片

基于达芬奇架构，华为推出了 7nm 的 Ascend 910（Ascend-Max）以及 12nm 的 Ascend 310（Ascend-Mini）。Ascend 910 芯片支持云侧分布式大规模训练场景。Ascend 310 芯片则是边缘计算推理场景高效算力和低功耗 AI SoC。

基于达芬奇架构，华为还规划了适用于蓝牙耳机、智能手机、可穿戴设备的 Ascend 芯片系列，它们在未来将以知识产权方式和其他芯片结合在一起服务于各个智能产品，以适应终端 AI 应用场景低功耗的需求。

此外，达芬奇架构还考虑了软件定义 AI 芯片的能力。异构计算架构（Compute Architecture for Neural Networks，CANN）是芯片高度自动化的算子开发工具，是为神经网络定制的计算架构。CANN 可以提升 3 倍的开发效率并兼顾算子性能，以适应 AI 应用的迅猛发展。

在设计方面，Ascend 芯片系列突破了功耗、算力等的约束，实现了能效比的大幅提升。Ascend 910 芯片的半精度（FP16）运算能力为 256TFLOPS，整数精度（INT8）运算能力为 512TOPS，最大功耗仅 350W；Ascend 310 芯片主打极致高效计算和低功耗，其半精度运算能力为 8TFLOPS，整数精度运算能力为 16TOPS，最大功耗仅为 8W。

鲲鹏系列计算平台不局限于华为产品线，而是同时开放给国内其他硬件制造厂商，因此基于 ARM 架构的鲲鹏系列计算平台将会以各种各样的形式向社会提供计算能力。

如同生物圈的生态需要多样化一样，鲲鹏生态也需要多样化。基于鲲鹏芯片固件的一系列云服务会快速形成覆盖包括 PC、服务器、存储、操作系统、中间件、虚拟化、数据库、云服务、行业应用、人才培养以及咨询管理服务等方面的完整生态体系。

1.1.1 鲲鹏计算产业介绍

当前，席卷全球的数字化浪潮不断推动各国的经济增长，是不可忽视的动力引擎。数字科技应用于各类产业，渗入日常生活的方方面面，移动端业务蓬勃发展，而这些繁荣景象的背后离不开计算机的计算。通常所说的计算包含两方面：一方面是软件层的业务处理，主要完成数据或信息的处理；另一方面是硬件层的执行，主要完成数据的逻辑计算、存储和传输。

鲲鹏计算产业是基于鲲鹏处理器构建的全链路 IT 基础设施、行业应用及服务，包括 PC、服务器、存储、操作系统、中间件、虚拟化、数据库、云服务、行业应用等。华为将重点聚焦在"算力"和"云"上，发展华为鲲鹏+昇腾双引擎芯片族，推动鲲鹏计算产业的发展。鲲鹏计算产业全景图及华为对应产品如图 1-3 所示。

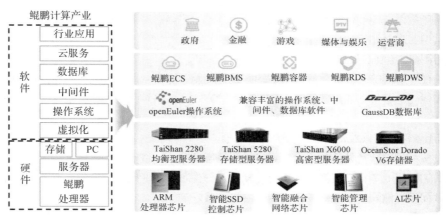

图 1-3　鲲鹏计算产业全景图及华为对应产品

图 1-3 中的硬件设备大多是数据中心级的产品，也有 PC 类产品。在浏览器/服务器（Browser/Server，B/S）架构中，一般将复杂的、大型的计算任务部署在数据中心，由数据中心中的设备完成执行。数据中心中不仅有服务器及相关设备，还有经过冗余设计的数据通信连接设备、监控设备及各种安全设备，图 1-4 所示为华为全模块化数据中心单元。数据中心级的产品，如服务器和交换机，与平时学习、工作使用的 PC 和路由器有较大不同。数据中心一般对学校、企业或社会提供 IT 公共服务，数据中心所用到的设备的性能都强于个人所用设备的性能。无论是云数据中心（云上虚拟数据中心）还是传统的数据中心，在物理层面所使用的服务器、交换机、供电设备等，都会在数据中心进行统一管理。

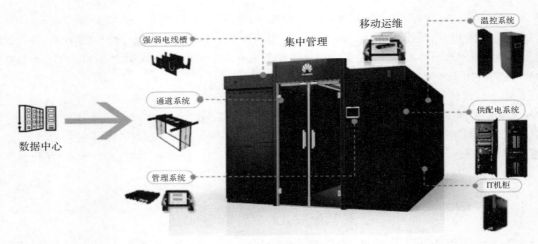

图1-4 华为全模块化数据中心单元

未来是"泛在算力"时代。"泛在算力"意味着每台设备都具备算力,可以在不同设备上执行部分计算任务,而不是全部集中在数据中心完成计算任务。云端数据中心、边缘端设备、终端设备都提供算力支持。其中,边缘端设备和终端设备靠近网络边缘侧和数据源头,可以提供更敏捷的计算和存储,而无须把数据集中到数据中心处理。5G的高带宽、低时延特性可助力云-边-端协同的异构计算模式,然而这一切都离不开硬件和软件的协同。

软件、硬件之间有巨大的性能差异,如何弥补软硬件之间的性能差异呢?一种方式是雇佣充分了解体系架构的软件工程师编写更好的软件,但是这样的工程师占比较少;另一种方式是在硬件上加速,即采用领域专用的体系结构。目前,业界基本上已经在"通过软硬件协同提升算力"这一观点上达成共识,那么如何实现协同呢?

1. 使用领域定制芯片

实现软硬件协同的一种非常好且有效的方式是使用领域定制芯片,即针对特定应用领域或特定任务设计和优化的芯片。通过使用领域定制芯片的方式适应各种负载的多样性,能比较有效地最大化硬件加速效率。

2. 利用软件发挥领域定制芯片最大算力价值

在通过多种异构芯片单元的组合,寻求最符合市场需要的性价比、能耗比的同时,也要降低软件开发人员的使用成本,这就需要利用专业软件对异构芯片的使用进行抽象,并利用好不同硬件之间的负载分配和通信同步,包括如何在硬件中寻找最好的配比。

华为鲲鹏系列芯片集成了硬件加速模块,把压缩、加解密等常用功能以硬件方式实现。如果需要使用硬件加速,则可以通过安装驱动引擎使其生效。

1.1.2 鲲鹏计算产业目标

鲲鹏计算产业目标是建立完善的开发人员和产业人才体系,与产业联盟、开源社区、行业标准组织等协同完善产业链,打通产业技术栈,使鲲鹏生态成为开发人员和用户的更可靠的选择。

华为在鲲鹏计算产业上的发展策略是"硬件开放、软件开源,使能合作伙伴",通过产业联盟协作,最终实现与合作伙伴的共同发展,打造具有高性价比、完善的基础配套软硬件生态,力求为行业应用提供高效能、高性价比的整体技术架构。

1. 硬件开放

华为向合作伙伴提供 Atlas 模组、板卡、主板以及网卡、磁盘阵列卡等关键硬件产品，协助合作伙伴基于开放的硬件产品发展自有品牌的产品和方案。例如，湖南湘江鲲鹏信息科技有限责任公司出品的湘江鲲鹏衡山系列高性能机架式服务器和岳麓系列台式计算机等，均采用鲲鹏系列处理器提供计算能力，目前已在教育行业、交通行业和通信行业完成项目落地。又如，中国普天信息产业集团有限公司旗下的东方通信普天牌服务器、PC、工业控制计算机（具备计算机属性的嵌入式工作计算机）等产品同样采用了鲲鹏系列芯片。图 1-5 所示为基于鲲鹏系列芯片的国产服务器。

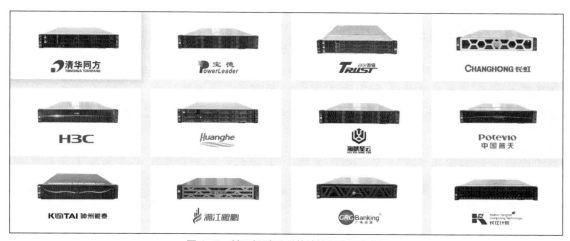

图 1-5　基于鲲鹏系列芯片的国产服务器

2. 软件开源

多样化的应用对算力的需求催生了不同的负载模型，从而驱动了硬件的多元化设计。软件和硬件的多样化发展，对系统软件提出了更高的要求。华为深耕硬件领域多年，将硬件设计方面的经验应用到了系统软件的设计上，最大限度地提升了软硬件协同效率。其目前开源的基础软件有 openEuler 开源操作系统、openGauss 开源数据库、openLooKeng 开源数据虚拟化引擎等。

（1）openEuler 开源操作系统

当前 openEuler 的内核源于 Linux 操作系统，支持鲲鹏及其他多种处理器；同时，openEuler 社区是一个面向全球的操作系统开源社区。openEuler 已于 2019 年 12 月 31 日向社会开源。

openEuler 操作系统依托华为多年的硬件研发经验，深度调优操作系统内核底层模块，同时兼容 x86 架构，通过与鲲鹏协同优化，提升了多核并发度，其性能相对业界主流操作系统性能平均提升了 15%，在云计算、数据库、大数据、分布式存储、AI 等场景充分发挥了底层硬件潜力。

（2）openGauss 开源数据库

openGauss 开源数据库内核源自 PostgreSQL（一款并行处理架构的关系型数据库），采用木兰宽松许可证 v2 发行，深度融合华为在数据库领域的经验，适配企业级数据处理场景需求。

（3）openLooKeng 开源数据虚拟化引擎

openLooKeng 开源数据虚拟化引擎分析数据的方式是通过各种各样的数据源连接器（Connector）连接到各个数据源系统，当用户发起查询时，通过各个 Connector 实时获取数据并进行高性能的计算，从而在秒级或分钟级内得到分析结果。这与以往的数据仓库通过抽取、转换、装载（Extract

Transform Load，ETL）数据搬运过程处理好数据后再将数据提供给用户使用的方式有很大差异。

与以往数据分析师需要学习各种各样的结构查询语言（Structure Query Language，SQL）语法不同的是，现在数据分析师只需要熟练掌握大部分 SQL 遵循的 ANSI SQL 2003 语法即可。SQL 方言上的差异由 openLooKeng 作为中间层进行了屏蔽，用户可以专注于构建高价值的业务应用查询分析逻辑。

3. 使能合作伙伴

鲲鹏计算产业是鲲鹏生态中的实体，包括硬件相关厂商、软件相关厂商、行业伙伴和人才培养机构。使能合作伙伴的意义在于，不同厂商优势互补，产业中的合作伙伴协同共赢。

1.2 鲲鹏的业务应用场景

在业界，各类用于满足业务需求的 IT 系统是实现企业数字化运作的关键组成。无论是从技术维度（如云计算、大数据等），还是从行业场景维度（如金融、医疗等），都可以总结并抽象出可以解决问题的 IT 业务架构模型。IT 业务架构模型不同于软硬件产品或应用软件提供的 IT 服务，其是针对某种技术场景或行业场景给出的具有领域性特征的 IT 产品和服务的集合，用于解决特定场景的业务需求。

目前，面向不同技术和行业的鲲鹏业务应用场景有 200 余种，且伴随鲲鹏生态的不断发展，这一数字还在不断增加。本节仅基于华为鲲鹏 Web 业务场景进行介绍。

鲲鹏 Web 应用体系提供不同业务场景的适配方式，如移动端 App 部署、大型通用网站部署和中小型网站部署。

以鲲鹏招聘系统的 Web 应用为例，可以参考华为鲲鹏小型 Web 应用体系（见图 1-6）完成系统架构设计。

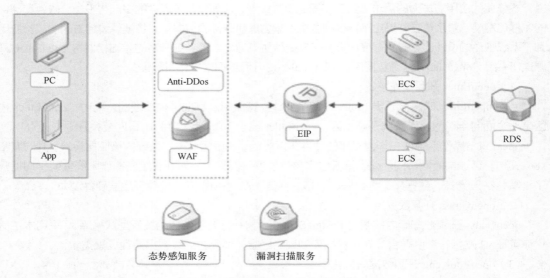

图 1-6　华为鲲鹏小型 Web 应用体系

用户通过 PC 或移动端 App 访问鲲鹏招聘系统站点，使用弹性公网 IP（Elastic IP，EIP）服务获得公网 IP 地址，使用弹性云服务器（Elastic Cloud Server，ECS）部署鲲鹏招聘系统，使用云数据库——关系型数据库服务（Relational Database Service，RDS）存储业务数据。另外，对于站点的安全防护，可以使用 Anti-DDos 服务和 Web 应用防火墙（Web Application Firewall，WAF）服务完成。

华为云提供的多种云服务可以减少应用开发人员和架构师的工作量。例如，安全防护类产品可以抵御分布式拒绝服务（Distributed Denial of Service，DDoS）攻击；弹性负载均衡（Elastic Load Balance，ELB）可以结合弹性伸缩（Auto Scaling，AS）中设置的不同策略，共同完成应用的负载均衡和集群弹性伸缩；应用产生的数据可以借由存储类产品和数据库类产品实现存储及备份。

1.3 鲲鹏应用开发与迁移

鲲鹏应用是指在鲲鹏计算平台上构建的 IT 应用。鲲鹏计算平台泛指依托华为鲲鹏系列芯片的计算平台，如 TaiShan 系列服务器、华为鲲鹏云主机、鲲鹏云容器、使用鲲鹏系列芯片的 PC 及服务器等设备。

承担 IT 应用项目中不同职责的角色负责项目实施的不同工作，如软件工程师负责项目的架构设计和代码编写，运维工程师负责项目上线后的运行维护。分工的差异会使不同工程师对于硬件系统的关注点不同，硬件的差异也对不同工程师的工作有一定的影响。本书通过开发篇（第 2～5 章）和迁移篇（第 6～8 章），分别对鲲鹏计算平台上 IT 应用的开发和搭建部署进行概述。

1.3.1 鲲鹏应用开发流程概述

鲲鹏应用开发不是只涉及编写代码，而是需要多项关联任务协同推进。为了规范项目管理，保证软件质量，大多数软件开发会遵循一定的开发流程。开发流程主要分为传统开发（或称瀑布式开发）流程和敏捷开发流程。

1. 传统开发流程

传统开发流程的模型——瀑布模型（Waterfall Model）将整个开发流程拆解成多个步骤，各个步骤之间有前后依赖关系，如图 1-7 所示。

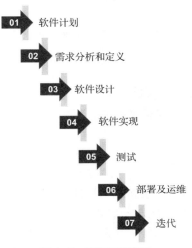

图 1-7　传统开发流程

传统开发流程的步骤一般如下。

（1）软件计划

在动手开发一种软件之前，通常会由需求部门和开发部门联合发起软件计划，该计划的作用是划定明确的项目范围。

（2）需求分析和定义

当软件计划通过各类内部会议的评审后，就开始进行需求分析和定义。

需求分析涵盖较多的子任务，如业务需求分析、系统需求分析、性能需求分析和交互需求分析等。在该阶段，需要将收集到的需求以用户和软件开发人员都能理解的形式加以定义和明确，以便于后续的设计和开发工作。

（3）软件设计

任何一种软件产品都是需要设计的，无论是在传统开发中还是在敏捷开发中。工程师在进行软件设计的过程中都需要认真思考功能模块如何实现、数据如何流转以及接口参数如何设计等。

（4）软件实现

软件设计方案一旦被团队认可，传统开发就会进入开发阶段，即软件实现阶段。

（5）测试

开发完成的函数/方法或功能模块需要进行测试。测试的方法有很多种，如功能测试、黑盒测试、白盒测试、A/B 测试等。从测试的目标方向上，又可以将测试归类为单元测试、系统测试、性能测试和验收测试等。

（6）部署及运维

经过各种各样的测试，并对测试时发现的问题进行修正，证明软件已具备提供稳定功能的能力后，可以将其部署到实际的生产环境中，这一操作通常称为上线。上线后，软件在生产服务器中的日常巡检、可用性检查都需要由运维工程师负责。

（7）迭代

软件上线后，软件工程师和运维工程师的工作任务并没有结束，而是进入迭代优化环节。上线的应用系统可能会和用户的实际需求有偏差，或存在功能上的缺陷，或单纯因业务规模扩大而需要增加新功能，或无法承接当前功能，一旦遇到这样的问题，就需要将新的问题提出，并按照原流程进行迭代。

传统开发流程适用于软件需求相对明确、开发技术成熟、团队人员分工清晰、开发流程管理严格的场景。

瀑布模型的缺点如下。

① 前后依赖完全由输出文档进行关联，时间周期长。

② 实际项目实施过程中很难完全保证需求不变更，每次需求变更都需要进行迭代并输出相应文档。

③ 很难及时复盘。

2. 敏捷开发流程

敏捷开发通常是指让项目团队响应更准确、及时，思考和工作更高效，能够帮助团队理解用户需求和从现有工作产生高价值决策的方法论及理念。

传统的研发过程符合项目管理流程，以瀑布式推进，重流程、轻效率。团队成员的思维模式是"他人工作内容的确定输出，才能作为我工作开展的必备输入"，最常见的例子是，"产品经理还没有将需求文档梳理清楚，我没办法进行开发"或者"研发团队还没有实现接口，我没办法进行测试"。显然，这种环环相扣的工作方式会导致任务的串行，造成人力资源浪费和工期规划超预期。

在互联网公司中，大型应用往往会采用分布式应用架构，应用架构相当于业务应用的"骨架"。开发团队中的架构师要根据不同的业务功能，拆分出子项目，子项目均可独立开发、部署、测试。当详细的设计文档输出后，项目团队各小组可实现齐头并进式协作。在这样的背景下，敏捷开发流程更为适用。敏捷开发组织如图 1-8 所示。

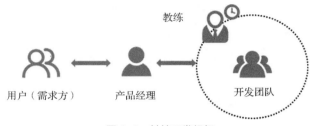

图 1-8　敏捷开发组织

敏捷开发中有几个关键角色。

（1）用户（需求方）

用户（需求方）通常指应用软件的需求方，或软件真正的使用方。当然，当遇到用户无法提出需求的情况时，产品经理可以提供出几种不同的方案，供用户明确想法和细化需求。例如，企业用户完全没有同类项目经验，产品经理可以将成功落地的几种方案总结出来供用户评估，以明确需求；或者，用户为互联网用户，但其应用产品是市面上从未出现过的产品，那么产品经理可以将企业的经营理念和设想转化为产品。

（2）产品经理

产品经理是确定用户需求的关键角色，也是用户与开发团队的沟通接口，会对产品进行管理。

首先，产品经理需要理解用户的真正需求，并据此规划、设计产品功能，输出产品原型图，并对产品的交互提供意见。其次，产品经理需要向开发团队传达产品理念，对产品功能进行解读，保证项目顺利实施，对出现的问题进行跟踪管理。项目开发期间，产品经理要对功能是否符合预期目标进行决策，产品的后续迭代和发展规划也由产品经理负责。

（3）教练

敏捷团队中的教练更像是管家式的团队主管，其职责是统一开发团队协作方式，确定敏捷流程，支撑开发团队，给予团队成员必要的指导，提供团队完成任务所需的相关资源。除此之外，教练会将团队中的问题或偏离方向的操作指出来，协助团队进行调整。当然，最重要的是教练要认可并实践敏捷原则。

经验丰富的软件研发人员、技术经理或项目经理都有可能成为敏捷教练。

（4）开发团队

开发团队通常由多人组成，如前端开发工程师、后端开发工程师、运维工程师、数据开发工程师、客户端开发工程师等，不同方向的开发工程师完成不同的工作任务。通常，一个项目的开发团队中会有多种角色协同工作，从而完成一个完整的项目。

敏捷开发的优点如下：从执行层面看，其效率高于传统开发的效率，团队中各个角色分工协作，最终使项目落地。图 1-9 所示为 Scrum 过程模型，其是迭代式增量软件开发过程，通常用于敏捷开发。

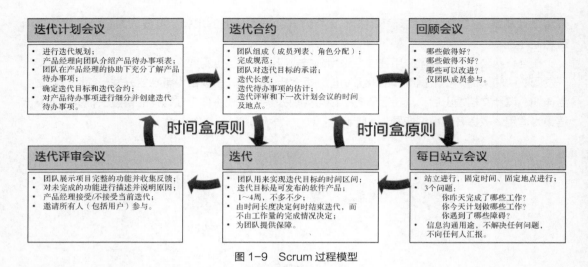

图 1-9　Scrum 过程模型

然而，敏捷开发也存在一些缺点，具体如下。

① 产品经理是和用户直接沟通需求的人，如果产品经理对业务的理解不到位或者对技术完全不了解，就会导致产品经理设计的原型不符合用户需求或者梳理出的需求从技术层面完全无法实现，造成项目风险。

② 敏捷开发中各个环节并期开展，而不像传统开发流程那样各个环节由文档作为关键输入，这会导致项目文档的重要性降低。在一些小的团队中可能会造成文档缺失的问题，不利于后续项目迭代优化。

华为提供了很多云上敏捷开发工具来简化开发人员的日常工作。华为云软件开发生产线 CodeArts 如图 1-10 所示。环上为流程，环外为华为提供的一些服务。

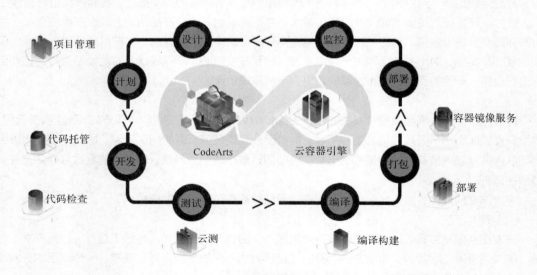

图 1-10　华为云软件开发生产线 CodeArts

具体介绍如下。

① 项目管理：面向敏捷开发团队提供简单高效的团队协作服务，包含多项目管理、敏捷迭代、

看板协作、需求管理、缺陷跟踪、文档管理、仪表盘自定制报表等功能。

② 代码托管：为软件开发人员提供基于 Git 的在线代码托管服务，包括代码复制、下载、提交、推送、比较、合并、分支、Code Review（代码审查）等功能。

③ 代码检查：基于云端实现代码质量管理服务，软件开发人员可在编码完成后执行多语言的代码静态检查和安全检查，获取全面的质量报告，以及缺陷的改进建议和趋势分析，从而有效管控代码质量，降低问题解决成本。

④ 云测：面向软件开发人员提供的一站式云端测试平台，覆盖测试管理、接口测试、性能测试，帮助用户高效管理测试活动，保障产品高质量交付。

⑤ 编译构建：基于云端大规模并发加速，为用户提供高速、低成本、配置简单的混合语言构建能力，帮助用户缩短构建时间，提升构建效率。

⑥ 部署：提供可视化、一键式部署服务，支持脚本部署、容器部署等类型，支持 Java、Node.js、Python 等技术栈，可实现部署环境标准化和部署过程自动化。

⑦ 容器镜像服务：支持容器镜像全生命周期管理服务，提供简单易用、安全可靠的镜像管理功能，帮助用户快速部署容器化服务。

其中，云容器引擎（Cloud Container Engine，CCE）是高可靠、高性能的企业级容器应用管理服务，支持 Kubernetes 社区原生应用和工具，可简化云上自动化容器运行环境搭建。

1.3.2　鲲鹏应用迁移流程概述

软件工程师和运维工程师除了要在新应用开发中投入时间与精力，还有一项重要的工作任务，即对现有软件产品或应用进行开发、维护。如果现有的软件产品需要切换到鲲鹏计算平台，这就涉及鲲鹏应用迁移。

例如，手机和平板电脑基本使用的都是 ARM 架构的处理器芯片，而 PC 或者服务器主要使用的是 x86 架构的处理器芯片。手机端的软件包在 PC 上是无法安装与使用的，因为二进制指令相对于 CPU，就像是不同地区的语言相对于不同地区的人，不同架构的 CPU 不能识别彼此的二进制指令，这就是软件在不同架构的 CPU 上运行时需要迁移的根本原因。

应用迁移是指应用软件（如中间件、数据库、业务应用等）在不同的操作系统或硬件设备之间进行搬迁，可以参考图 1-11 所示的应用迁移流程进行操作。

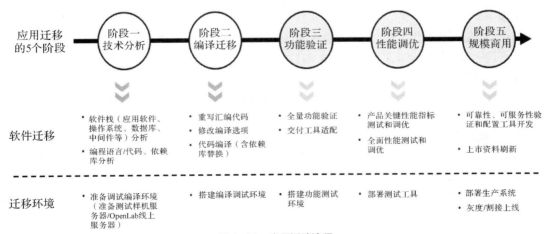

图 1-11　应用迁移流程

1. 技术分析

在技术分析之前，首先要进行信息收集。信息收集主要分为两部分：第一部分是收集硬件信息，主要收集型号信息，收集的目的是根据此类信息匹配一个 x86 服务器；第二部分是收集软件栈信息，包括操作系统、虚拟机、中间件、编译器、上层依赖的开源软件、商业软件、业务软件等的信息。

软件栈分析要做的是对收集到的信息和软件栈进行初步分析，目的是判断是否真正需要迁移，评估迁移的工作量。

（1）对开源软件来说，因为社区发展已经比较成熟，迁移相对简单，所以通过基于鲲鹏的架构分支或鲲鹏支持的软件包自行安装即可。

（2）对于自研软件来讲，情况则较为复杂，如对于使用 C、C++这类编译型语言开发的软件，需要重新编译后才能完成迁移；而对于使用 Java、Python 这类解释型语言开发的软件，因为其虚拟机已经对上层的一些和指令集相关的东西进行了屏蔽，所以平滑地迁移即可。

（3）对于商用软件而言，它们的源码未公开，如果需要迁移，则必须联系厂家编译一个鲲鹏的版本，并完成一系列的适配。

2. 编译迁移

对于使用汇编语言等编写的对指令集有依赖的代码而言，与 x86 架构相关的部分需要替换成 ARM 架构指令集中的对应指令；对于以 Java、Python 为代表的半解释型或解释型语言而言，更换 Java 开发工具包（Java Development Kit，JDK）和 PVM（用于网络并行计算机的软件工具）即可；如果应用程序中调用了编译型语言（如 C、C++等），则必须对这部分进行编译检查。对于软件包来说，其迁移与 Java、Python 代码的迁移类似，即使用华为提供的鲲鹏迁移工具可对代码进行扫描，如果存在使用编译型语言开发的依赖库，则对此部分依赖库进行替换即可。

3. 功能验证

功能验证的主要目的是确保迁移后的应用能够正常、可靠地运行，并满足预定的功能和性能要求。该阶段主要进行的工作包括基本功能验证、边界测试、异常处理验证，对响应时间、负载和压力等进行测试，对身份、数据安全、依赖安全性等进行验证，对用户界面和交互进行验证，对数据迁移的正确性和数据一致性进行验证。

4. 性能调优

经过前面几个阶段之后，应用迁移主体任务基本完成。此时应该对迁移后的应用性能进行调优，主要分为建立调优基准、压力测试、确定瓶颈、实施优化、确认优化效果 5 个步骤。

首先，需要建立调优基准，该基准会根据当前的硬件配置、组网情况、测试模型进行综合评估，以建立合理的调优目标；其次，在调优基准建立后，通过压测工具对软件或系统进行加压；再次，在加压过程中暴露性能瓶颈，确定瓶颈之后对瓶颈实施优化，在优化过程中要及时记录，因为优化并不一定是正向的，出现负向优化时需要及时回退；最后，在优化措施实施完成后，需要重启压力测试工具以确认优化效果。

5. 规模商用

性能调优结束之后，对于商业软件，需要进行可靠性验证以确保达到商用标准，满足相关要求即可筹备上线。此外，也可以对软件和系统进行鲲鹏社区的相关认证，将它们加入鲲鹏生态。

如前所述，迁移过程无须全部由人力完成，华为提供了相关工具链，以帮助完成应用代码的检查工作。

1.4 本书内容与安排

本书以一个在鲲鹏计算平台上开发的 Web 项目为案例，分概述篇、开发篇和迁移篇 3 部分进行介绍。

概述篇着重介绍鲲鹏生态与解决方案，包含以下内容。

第 1 章 鲲鹏生态与解决方案：介绍鲲鹏生态及其业务应用场景和基础的鲲鹏应用开发与迁移流程。本章内容为架构师和系统工程师关注的重点。

开发篇着重介绍项目服务端代码如何落地及运行，包含以下内容。

第 2 章 应用架构设计：介绍如何使用华为云软件开发生产线 CodeArts 工具，介绍鲲鹏招聘系统在设计规划阶段需要完成的需求分析等任务；根据实际的业务功能需求，确定业务逻辑并梳理业务流程图，以及明确软件开发的代码和接口文档规范等；介绍常见的应用架构。本章内容为架构师和开发工程师关注的重点。

第 3 章 鲲鹏招聘系统数据库设计与实现：根据第 2 章梳理出的需求，进行产品选型，设计鲲鹏招聘系统数据库。本章内容为开发工程师和数据库运维工程师关注的重点。

第 4 章 开发构建：介绍鲲鹏招聘系统的开发流程、代码开发相关工具、如何开展开发工作，以及应用构建的相关内容。本章内容为开发工程师关注的重点。

第 5 章 应用开发：编写鲲鹏招聘系统的服务端代码。本章内容为开发工程师关注的重点。

迁移篇着重介绍项目整体部署中涉及的开源工具，以及如何将应用从传统的 x86 平台迁移到华为鲲鹏云主机上，完成整体的项目部署。

第 6 章 应用迁移：介绍应用在不同 CPU 架构上迁移的底层原理，以及迁移过程是如何逐步实现的；介绍华为提供的迁移工具；介绍在鲲鹏招聘系统中涉及的开源软件产品如何从 x86 平台迁移到华为云主机上。本章内容为开发工程师和系统工程师关注的重点。

第 7 章 应用部署：介绍应用部署的基本概念和在虚拟机和容器上部署应用的方式。本章内容为系统工程师关注的重点。

第 8 章 应用日志云上处理与分析：介绍如何使用业界常用的日志管理系统 ELK 完成应用日志的采集和分析。本章内容为数据开发工程师、数据分析师和系统工程师关注的重点。

1.5 本章练习

1. 在鲲鹏计算产业中，华为的产品包含哪些？
2. 鲲鹏应用迁移流程包含哪些阶段？

开发篇

第2章

应用架构设计

02

学习目标

- 了解如何在华为软件开发平台进行鲲鹏招聘系统的应用需求分析。
- 掌握常见应用架构的使用。
- 了解华为业务模块拆分、代码规范和接口文档规范。

在计算机出现之前，如果需要完成特定领域的计算任务，需要由人工进行计算。随着需求的增加，人工计算无法满足需求，促使各类计算设备以及相关科技不断发展。如今，复杂的计算任务可以借助各类计算设备实现，比较通用的计算设备就是计算机。人工计算和计算机计算的区别在于计算机计算的执行效率更高，准确率也更高。但是，计算机是由硬件组成的，无法自主完成计算任务，其依赖人们拆解计算任务，即人们通过使用编程语言开发的程序指导计算机完成计算任务。

搭建应用就像盖房子，需要前期设计与规划，形成方案，并将方案落于图纸，最后由项目团队实施。项目团队成员会根据设计方案拆分任务，分工合作。应用架构设计也是如此，一开始并不是事无巨细，而是限定项目范围，保证逻辑架构合理。本章根据鲲鹏招聘系统的具体需求，按照步骤完成其应用架构设计。

2.1 应用需求分析

通常，在决定是否要开发一个新的应用，或者在对现有系统进行需求更新、性能优化之前，第一步就是应用需求分析。这一步的主要作用是针对用户使用软件时所需要的功能进行分析和调查，帮助产品经理、开发工程师或运维工程师理解用户对实际功能的需求。项目团队成员根据梳理出的需求进行产品功能设计或结合现有用户的使用体验进行迭代优化，并据此确定开发周期内需要完成的目标。

向一款应用软件投入无限的时间和无限的成本可以让其实现所有功能。然而，时间和成本是软件项目中不可忽视的限定因素。应用需求分析要在所有限定因素存在的背景下，借助知识、经验和流程等来完成，以确保在有限的资源和时间内，实现用户需求的最大化，提供可行、可维护且高效的解决方案。

下面介绍如何利用华为云软件开发生产线 CodeArts（原名为华为云 DevCloud，目前已迭代为

CodeArts）进行软件项目管理以及需求规划管理和分解。

1. 软件项目管理

软件项目管理是贯穿整个开发流程的标准化管理流程。华为云软件开发生产线 CodeArts 如图 2-1 所示，其集成并提供项目管理、需求规划和管理、缺陷管理、迭代计划管理、自定义工作流、进度跟踪、统计报表/仪表盘/管理看板、Wiki 在线协作、项目文档托管等多种软件项目管理功能，可以对项目管理的各环节进行高效、透明、可视的管理。

图 2-1　华为云软件开发生产线 CodeArts

CodeArts 中预置了两种项目管理模板：Scrum 项目模板和看板项目模板。

（1）Scrum 项目模板秉承严谨的敏捷 Scrum 方法论和实践，适用于敏捷软件开发团队。这种模板可以帮助用户快速构建可交付的应用系统。

（2）看板项目模板采用了卡片式的交互方式，适用于轻量、管理简单的软件开发团队。例如，针对已投入使用的应用系统的新增功能，可使用看板项目模板对新增功能进行管理。

下面使用 Scrum 项目模板按如下步骤对鲲鹏招聘系统进行项目管理。

单击项目管理首页中的"新建项目"按钮，弹出"新建项目"对话框，在"项目设置模板"下拉列表中选择"Scrum"选项，设置其他参数，单击"确定"按钮，完成项目创建，"新建项目"对话框如图 2-2 所示，此处我们设置项目名称为"华为招聘系统"。

图 2-2　"新建项目"对话框

其中，创建 Scrum 项目所涉及参数的详细说明如表 2-1 所示。

表 2-1　创建 Scrum 项目所涉及参数的详细说明

参数名	参数说明
项目流程	项目的类型
项目设置模板	项目的模板类型。可以保持默认设置，也可以选择已有的自定义模板。模板类型来源可参见自定义模板
项目名称	根据自己的需求设置
项目代号	英文代号
关联企业项目（资源组）	选择关联的企业项目。通常选择"default"（默认）类型即可。企业项目来源及创建方法可参见企业项目操作指导
项目描述	对项目的简要说明

2. 需求规划管理和分解

下面使用 CodeArts 对鲲鹏招聘系统的需求规划进行管理和分解。在新建项目时，预置了 Scrum 项目模板，其中的"工作-规划"模块适合采用敏捷开发的团队快速展开需求规划和分解工作，单击"+ 规划"按钮可以开展需求规划，新建形式为"思维导图规划"、名称为"鲲小鹏"后的界面如图 2-3 所示。

图 2-3　新建规划后的界面

项目团队的任务是明确鲲鹏招聘系统要提供给用户哪些功能，解决实现功能的过程中遇到的问题。另外，项目团队还需划定用户范围，针对用户群调研用户需求，并对需求进行初步评估，规划、筛选应用要实现的功能清单，以确定应用功能的范围，避免项目范围模糊。恰当、明确的项目范围对于软件项目的按期交付是非常重要的。

在需求分析阶段，用户可以使用 CodeArts 的产品——待办事项（Backlog）来管理产品的需求。Backlog 是一个按照商业价值排序的需求列表，列表项的表现形式通常为用户故事（Story）。

项目团队可以使用迭代进行优先级划分，项目团队从 Backlog 中挑选最高优先级的需求进行开发。在迭代计划会议上，项目组可以对这些挑选出的需求进行讨论、分析和估算，进而得到相应的任务列表（称为迭代 Backlog）。在每个迭代结束时，Scrum 团队可以提交下一个迭代周期的产品增量。

敏捷开发流程同样需要文档，如产品原型图、交互稿、接口文档等。敏捷开发流程的文档可以和代码一样，通过版本管理迭代进行。最终形成的文档将作为应用项目的一部分而进入项目生命周期管理。也就是说，在后续的新功能规划、需求变更等任务中，文档和项目代码会一并进行迭代管理。

2.1.1 功能需求分析

在鲲鹏招聘系统中，鲲鹏计算产业中的合作企业可以发布岗位信息。该系统的招聘流程相对严谨，企业招聘管理人员可查看和操作招聘的各个环节。

该系统的功能需求可根据用户进行划分。不同用户对鲲鹏招聘系统的需求是不同的。鲲鹏招聘系统的用户大致分为两类：一类是应聘候选人（简称候选人），另一类是招聘管理人员（简称管理员）。

1. 候选人

候选人的主要功能需求是用户管理、简历管理、查看岗位和投递简历，具体如下。

（1）用户管理：用户注册、用户登录、用户注销。

（2）简历管理：创建简历、修改简历信息。

（3）查看岗位：查询岗位信息、用户申请岗位。

（4）投递简历：根据申请的岗位投递简历。

2. 管理员

管理员的主要功能需求是发布企业招聘需求、收集候选人的简历信息并管理招聘进度。并不是一要有岗位需求，管理员就立刻发布招聘信息，管理员可以对招聘活动进行统一规划，如每月或每季度组织一次招聘活动，此时各个企业提供的岗位信息会汇总至管理员处。管理员的具体功能需求如下。

（1）招聘活动管理：展示招聘活动信息、查询活动、创建活动、修改活动信息。

（2）岗位管理：展示岗位信息、查询岗位信息、编辑所需人员数量。

（3）人才管理：展示候选人信息清单、查看候选人简历信息、导出人员简历信息、添加候选人至人才库、查看人才库。

（4）消息管理：根据活动、候选人、招聘进度等单独统计数据。

由于候选人和管理员的需求不同，可以大致将鲲鹏招聘系统分为两个应用：用户前台和管理后台。用户前台面向候选人提供服务，管理后台面向招聘管理人员即管理员提供服务，用户和需求分为两类，如图 2-4 所示。

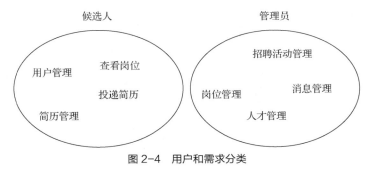

图 2-4　用户和需求分类

2.1.2 非功能需求分析

在需求分析阶段，很多工程师只关注功能需求，忽略了非功能需求。然而，当业务规模越来越大，对系统稳定性的要求越来越高时，软件的结构和实现更多地服务于非功能需求，系统稳定性和后期的服务可扩展性也需要在需求分析阶段加以考虑。非功能需求是后续应用开发周期延长或迭代难度大的重要影响因素。

常见的非功能需求有前后端分离、冗余设计、负载均衡、快速恢复设计、零信任设计、安全编码等。下面主要介绍前后端分离、冗余设计和负载均衡。

1. 前后端分离

前端，或称客户端，通常是指面向用户的界面；后端，或称服务端，通常是指提供业务功能逻辑的应用程序。前后端分离指前端和后端均独立部署（单节点应用），如图 2-5 所示。前后端分离使用 RESTful 接口交互数据。前端发起请求，后端接收请求，根据请求类型和资源路径执行相应的操作，并返回数据。

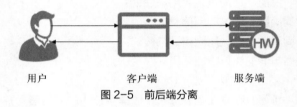

用户　　　　　　　客户端　　　　　　　服务端

图 2-5　前后端分离

2. 冗余设计

冗余设计是保证系统可靠性的有效方式之一，即同时有一套或多套与当前应用系统完全一致的应用系统对外提供服务，目的是在其中一套应用系统出现故障的情况下，其余同功能的应用系统仍然能正常对外提供服务。冗余设计示意如图 2-6 所示，当鲲鹏招聘系统用户前台节点 1 宕机后，用户可通过部署了相同应用的鲲鹏招聘系统用户前台节点 2 进行业务操作。

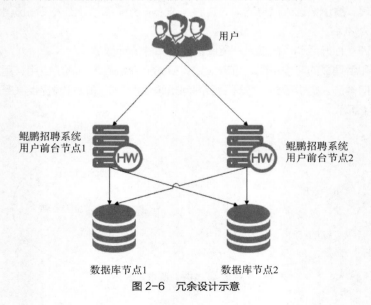

图 2-6　冗余设计示意

3. 负载均衡

如果采用基于冗余设计的方案，则应用架构中会有多个服务节点对外提供相同的服务。要想合理分配各个服务节点的流量，提高网站、应用、数据库的性能和可靠性，就需要借助负载均衡技术优化业务流量的分配，避免节点出现过载的情况。另外，当提供服务的节点硬件性能有差异时，负载均衡技术可以为不同节点设置不同权值，优化资源利用率。

增加负载均衡后的应用架构如图 2-7 所示。图中的服务节点包含了鲲鹏招聘系统中的两个子应用，"用户前台"和"管理后台"的服务节点。

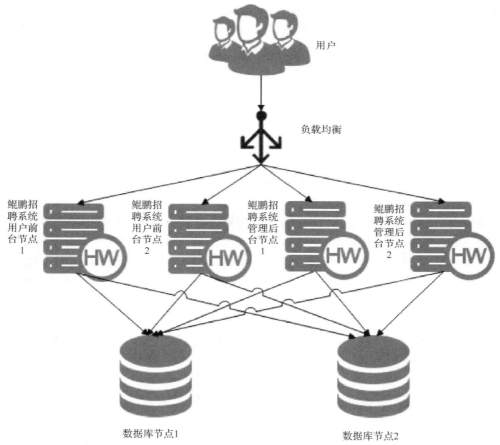

图 2-7　增加负载均衡后的应用架构

2.1.3　软硬件选型

在明确了鲲鹏招聘系统的需求和要实现的目标效果后，开始进入系统构建环节。为了能很好地实现应用落地，需要进行软硬件选型。本小节先介绍软件选型，包括开发语言选型、数据库选型和Web 框架选型，然后结合软件所需的硬件特性进行硬件选型。

1. 软件选型

（1）开发语言选型

开发语言选型应综合考虑开发团队的技术栈、应用系统的技术领域、项目发展阶段以及其他相关因素。

① 开发团队的技术栈决定了整个项目的成本，如果团队成员的技术栈较为单一，则为了降低项目周期的时间成本和开发工程师的学习成本，通常选用已有的编程技术栈。

② 应用系统的技术领域是非常关键的考量因素。例如，在大数据领域，大多数组件是基于 Java 虚拟机（Java Virtual Machine，JVM）开发的，使用 Java 或 Scala 能更好地与开源组件进行协作；OpenStack 的核心部分均采用 Python 进行开发，如果基于 OpenStack 的二次开发使用了其他语言，则需要考虑对涉及的核心库接口兼容。

③ 项目发展阶段也对开发语言选型有影响。在应用开发初期，开发语言选型一般更多地考虑人员能力和项目本身的技术约束。如果在后期遇到新的需求，如鲲鹏招聘系统上线运营一段时间后，有岗位推荐的功能需求，则可补充相应算法模块，具体可以结合实际场景进行选型。

本书选择的案例后端开发语言为 Python。

（2）数据库选型

数据库一般分为两类：关系型数据库和非关系型数据库。关系型数据库通常用来保存较为紧凑的业务数据（例如，鲲鹏招聘系统中用户的基本信息、企业维护的岗位信息），用行和列保存数据记录。常见的关系型数据库有 MySQL、PostgreSQL、Oracle、openGauss 等。非关系型数据没有结构化的 Schema（模式），而是通过其他方式组织数据的，通常保存不适合存入关系型数据库中的信息记录（如检索框的热搜词）。常见的非关系型数据库有键值对存储数据库（Redis）、列存储数据库（HBase）和文档数据库（CouchDB）等。

数据库选型要考虑应用系统的数据量级、扩展的难易程度、使用和运维的成本等多种因素。

鲲鹏招聘系统的业务数据和数据结构较为简单，事务要求、数据量级不大，因此可以采用主流的关系型数据库 MySQL。针对应用系统中的非结构化数据，可以根据实际的数据结构和数据用途选择对应的数据库。在鲲鹏招聘系统中，为了提升访问速度，可以使用 Redis 作为缓存数据库，保存键值对类型的数据。

（3）Web 框架选型

开发工程师使用 Web 框架实现通用功能的复用，如多线程、Socket（套接字）通信等，并结合 Web 框架的各类结构组装和设计应用，无须重复实现。借助 Web 框架，开发工程师可以轻松、快速地搭建 Web 应用，只关注处理用户请求的业务逻辑，无须解决所有细节问题。

Web 框架选型首先要根据选定的开发语言确定可选范围。Python 的 Web 框架有很多，下面对三大主流 Web 框架进行介绍。

① Django。Django 是一个应用广泛的 Web 框架，它的开发生态较为完善，有许多现成的模块可以直接引入项目中使用，可避免重复。例如，使用 Django 可以通过一条命令创建管理后台及相关的用户权限数据表，开发工程师可以通过学习官方文档快速搭建自己的应用。Django 使用对象关系映射（Object Relational Mapping，ORM）进行数据管理，在进行关联查询时会占用较多内存，并且也无法使用数据库自身提供的部分底层优化方案。

② Flask。Flask 是一个非常轻量的 Web 框架，仅提供 Web 应用的核心功能，其他如用户认证、异步管理等功能需要由第三方库提供。然而，这使得 Flask 框架拥有足够的灵活性，便于开发工程师选用自己中意的第三方库。

③ Tornado。Tornado 是由 FriendFeed 开发的一个 Web 框架和异步网络库。Tornado 使用非阻塞 I/O（Non-blocking I/O），可以处理并发连接数 10000 问题（处理大于或等于 10000 的并发），非常适用于长轮询、长链接和 WebSocket 等场景。Tornado 是介于 Django 和 Flask 之间的一个轻

量级框架。

本书选择 Tornado 作为 Web 开发框架。

2. 硬件选型

硬件选型介绍如下。

（1）数据库硬件

鲲鹏招聘系统的应用数据可以保存在关系型数据库 MySQL 中，数据库可以在硬件设备（如 TaiShan 200 系列中的 5280 存储型服务器，或者华为云存储型配置的 ECS 主机）上自行搭建。自行搭建需要熟悉数据库的基本运维操作，具体操作可见第 3 章的详细介绍。除了自行搭建，也可以使用华为云数据库 RDS for MySQL。

磁盘 I/O 和存储量是数据库性能的核心，架构师可以根据业务的实际性能要求进行选型。

（2）负载均衡硬件

实现负载均衡的可以是硬件设备，常见的有 F5、Radware 和 NetScaler 等。

本书介绍的鲲鹏招聘系统的负载均衡选择常见的开源软件 Nginx 实现，它可以使用华为鲲鹏 ECS 主机进行安装与部署。

（3）应用所需硬件

在基本明确了鲲鹏招聘系统的需求后，项目团队通过业务性质、业务规模、技术目标及数据规模等多方面的综合评估，开始对应用所需主机设备进行选型。从技术目标维度看，如果应用涉及较多的计算场景，诸如大数据的处理、机器学习的算法等，需要根据数据规模和对算力的要求进行硬件选型。如果应用只涉及普通的 Web 应用场景，则硬件选择通用计算设备即可。鲲鹏招聘系统是普通的 Web 应用服务，因此可以选择 TaiShan 200 服务器，也可选华为鲲鹏通用计算型云主机。

TaiShan 服务器是华为新一代数据中心服务器，基于华为鲲鹏系列处理器，适合为大数据、分布式存储、原生应用、高性能计算和数据库等提供高效加速，可满足数据中心多样性计算、绿色计算的需求。TaiShan 200 服务器基于鲲鹏 920 处理器，包含 2280E 边缘型、1280 高密型、2280 均衡型、2480 高性能型、5280 存储型和 X6000 高密型等型号。TaiShan 100 服务器基于鲲鹏 916 处理器，包含 2280 均衡型和 5280 存储型等型号。

2.2 常见应用架构介绍

应用架构是对应用系统中模块、模块间关系、组件使用等进行综合抽象的成果。所有的应用架构都依赖业务，是为了解决业务问题而出现的方法体系。只有精通业务的架构师，才能准确评估架构设计的合理性和有效性。应用软件开发大多以项目形式进行。架构师在进行编程工作之前，会根据前期形成的业务需求文档，将功能模块拆分成多个低耦合的应用模块，每个模块实现相对集中的功能；在编程阶段，架构师要对各类开源工具和框架比较熟悉，结合自身在技术领域的积累，把非功能需求、非技术相关因素整合起来，还要决定不同业务层的抽象程度，如哪些功能需要抽取成为公共组件，哪些模块要保证代码的灵活性，引导团队面向未来编程；在应用上线后，架构师还需要对上线后的情况进行评估，结合日志分析、数据挖掘等，评估应用架构是否达到预期目标。

2.2.1　应用架构

随着技术和用户需求的不断演变，应用架构发展出多种形式，从最早的单体应用架构发展出了分布式架构和微服务架构等。

1.　单体应用架构和单节点部署

单体应用架构指将业务模块打包成一个应用进行部署和运行。相比其他架构，单体应用架构的层级比较简单，使得开发和运维人员很容易上手开发并进行部署与运维。单体应用模式如图 2-8 所示，其比较简单，分为用户、应用服务和数据库。在某些小型应用场景下，数据库可能会和应用服务部署在一台机器上。

用户　　　　　　　　应用服务　　　　　　　数据库

图 2-8　单体应用模式

单节点部署是指应用部署在单一的服务器节点上，如图 2-9 所示。对于小型系统或在资源有限的情况下，这种部署方式非常便捷。但是，一旦应用宕机或服务器出现异常情况，就可能造成单点故障，导致服务中断。单节点部署带来的宕机风险可以通过冗余设计来规避。

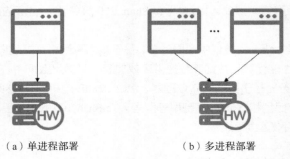

（a）单进程部署　　　　　　　　　　（b）多进程部署

图 2-9　单节点部署

2.　分布式架构和分布式部署

应用需求不断迭代的问题可以通过向单体应用中增加源码来解决，但是如果单体应用的源码庞大、臃肿到一定程度，势必会影响迭代开发和运维工作，因其部署方式导致的性能问题也会随之增加，如系统响应的各类需求增加，底层硬件对 CPU 和内存的资源消耗会产生性能瓶颈。另外，业务流量增加会导致系统负载不断上升，单体应用对用户请求的响应时长会受到影响。如果使用分布式架构，则架构师会对应用进行拆解（按照业务模块进行纵向拆解或者按照功能层级进行横向拆解），并将拆解后的应用模块分散在不同的计算节点（物理服务器、云主机或容器）上，根据历史业务流量生成预测模型，预测新的流量需求，并对各个模块规划集群或负载策略。各个拆解后的应用模块以超文本传送协议（Hypertext Transfer Protocol，HTTP）或谷歌远程过程调用（Google Remote Procedure Call，gRPC）等协议进行通信，或者使用消息队列实现数据共享。单体应用的不同功能之间通过函数的调用关系进行通信，或者使用多线程等共享数据。

应用的拆解分为纵向拆解和横向拆解两种，具体介绍如下。

（1）纵向拆解

纵向拆解的关键是业务的流程以及功能耦合性。例如，候选人在鲲鹏招聘系统中创建好简历后，向特定岗位投递简历，并由鲲鹏招聘系统管理员进行简历的筛选和面试流程管理。在这个大的流程中，候选人对简历的操作和管理员对候选人简历的操作是相对独立的，可以拆解到不同的模块中，实现纵向拆解。

（2）横向拆解

横向拆解的关键是对功能的抽象，尤其是对公共需求的抽象。常见的分层结构是应用层、服务层和数据层。在单体应用中，架构师常对业务进行分层，这样做一方面方便复用一些基础方法，另一方面方便团队协作进行开发。

在鲲鹏招聘系统中，无论是竞聘岗位的候选人，还是发布招聘信息的管理员，在系统中的操作都会产生数据并转化为数据库操作。开发工程师可以针对此部分操作独立构建应用模块，甚至可以集群化部署，增加数据库对应用的响应支持，或者借助某些数据库提供的主从复制特性，将应用的数据层转化为读写分离的模式。

数据库的读写分离是指应用程序读取数据时操作的是数据库的从库，应用程序更新数据时操作数据库的主库，如图 2-10 所示。主从数据库之间通过数据库的主从同步机制实现数据的自动同步。

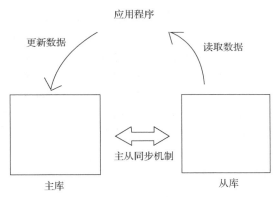

图 2-10　数据库的读写分离

分布式部署是指使用多个节点以集群方式部署应用中的某个子应用，保证服务的可靠性和连续性。以鲲鹏招聘系统为例，从用户需求维度可以将用户分为"候选人"和"管理员"，这两类用户所需的功能不同，应用可拆分成两个，这两个应用的使用者分别是"候选人"和"管理员"。本书中，我们将供候选人使用的应用称为"用户前台"，供管理员使用的应用称为"管理后台"。当然，也可以构建一个单体应用，把所有功能封装为一个应用，对候选人和管理员提供集中的服务。如果构建单体应用，则用户前台和管理后台将会被打包为一个部署安装包，这意味着一旦用户前台需要修改功能，管理后台就要与用户前台一起停止线上服务，重新部署与发布。因此，将应用拆分成两个更加合理。鲲鹏招聘系统的应用架构如图 2-11 所示。鲲鹏招聘系统可以部署在 10 个服务节点上，借助负载均衡和反向代理，即使其中部分节点宕机，也不会影响集群对外提供服务的连续性。

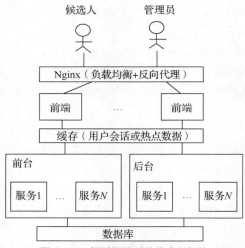

图 2-11　鲲鹏招聘系统的应用架构

3. 微服务架构

微服务架构是将单体应用按照可提供的服务，拆解成多个可独立部署的服务模块，这符合设计模式中的单一职责原则，即有且仅有一个原因引起类的变更。应用进行拆解后的服务模块对其他服务模块提供应用程序接口（Application Program Interface，API），外界用户只能通过 API 访问该服务提供的功能方法和数据。API 一般遵循描述性状态迁移（Representational State Transfer，REST）设计风格。

微服务架构可以解决复杂的问题，在功能不变的情况下，应用被分解为多个可管理的分支或服务。微服务架构为采用单体式编码方式很难实现的功能提供了模块化的方法体系，由此，单个服务变得很容易开发、理解和维护，甚至可以使用更适用于服务资源需求的硬件。

总体来说，每种架构、技术都有其擅长的领域，并不存在一种架构可以解决全部技术或业务问题的场景。大型互联网公司业务规模较大，从宏观的角度看，其技术的发展常常是滞后业务发展的，当前架构通常无法支撑业务的海量爆发，进而驱动了底层技术发展。相较于传统企业和中小型企业，大型互联网公司的架构设计有成功落地的经验，中小型企业可以学习它们的技术，但容易陷入跟风状态。因此，任何架构的选择都要根据业务而决策。

2.2.2　服务端架构

通常提到应用架构时就会考虑前后端分离。在架构设计时，可以采用前后端不分离和前后端分离两种模式。

（1）前后端不分离

服务端（在 Web 系统开发中，"前端"和"后端"也经常被表述为"客户端"和"服务端"）程序开发人员需要清楚自己的业务接口对应的 Web 前端界面是哪一个超文本标记语言（Hypertext Markup Language，HTML）界面，并把经过业务处理的数据返回给该界面，由前端界面对数据进行加载。前后端不分离的数据传输流程如图 2-12 所示。

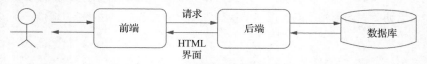

图 2-12　前后端不分离的数据传输流程

在前后端不分离模式下，服务端需要将处理结果返回指定的 HTML 界面中，代码如下。

```
class RegisterHandler(EmailBaseHandler):
    def get(self):    #使用 RESTful 接口，get()方法主要用于用户从服务端获取信息
        template_values = {}          #定义返回模板变量
        template_values['pagename'] = '注册'  #给模板变量赋值，界面名称赋值为"注册"
        self.render("register.html", template_values=template_values)
""" 使用 render()方法，将 template_values 变量信息渲染到界面 register.html 中，并返回给
    前端调用者"""
```

（2）前后端分离

前端和后端单独开发部署，二者通过接口通信，接口负责传输相应的数据，通常使用 JavaScript 对象表示法（JavaScript Object Notation，JSON）格式数据进行传输。例如，前端提供用户登录界面，用户输入用户名和加密后的密码，用户名和密码以 JSON 格式文本传输；后端收到用户提交的数据后，将数据和数据库中的记录进行比对，校验通过后，后端返回 JSON 格式数据给前端，提示用户合法。前端收到后端返回的数据，跳转到登录后的首页。前后端分离的数据传输流程如图 2-13 所示。

图 2-13　前后端分离的数据传输流程

在前后端分离的模式下返回 JSON 格式数据到前端，代码如下。

```
class HeartBeatCheck(BaseHandler):
    def get(self):
        """
        心跳检测接口
        :return:
        """
        result = {
            'code':0,
            'info':'Application is running'
        }
        self.write(json.dumps(result))       #直接返回 JSON 格式数据到前端
```

2.3　业务逻辑规划

业务逻辑规划的目的是定义不同功能模块的职责。以鲲鹏招聘系统为例，首先基于使用场景，梳理候选人应聘企业岗位的主流程；其次思考该流程中用户前台和管理后台的不同职责，以及完成职责过程中可能会出现的各种细节问题，如系统如何处理已注册候选人的重复注册申请，以哪项信息作为区分用户的唯一标识，或者在业务层面，同一候选人是否能在一次招聘活动中同时投递多个岗位等。

业务逻辑通常使用业务流程图进行表示，通过流程图的处理环节和逻辑判断关系，能够快速评估业务逻辑的合理性和数据流转的方向。绘制业务流程图时，需要产品经理和开发工程师共同介入，保

证逻辑闭环。在一些复杂的分布式场景中，架构师也会参与此环节，在全局视角下确保业务逻辑正确。

本节介绍在面向对象编程的过程中，如何进行高内聚、低耦合的业务逻辑规划。

2.3.1　业务模块拆分

应用系统通常具有多种业务职责，这些业务职责经过规划，可以形成高内聚、低耦合的功能模块。

内聚（Cohesion）：业务功能拆解后的独立模块不依靠其他业务模块即可完成其职责。例如，管理员创建招聘活动时，无须面向用户前台实现功能，仅在管理员操作的功能模块中实现功能即可。

耦合（Coupling）：业务功能拆解后的独立模块之间通过接口互相调用，接口之间的调用关系越复杂，模块之间的耦合程度越高，独立程度也就越低。

下面使用 CodeArts 提供的 Scrum 项目模板管理需求，遵循高内聚、低耦合的原则完成业务模块的拆分。Scrum 项目模板遵循标准的敏捷开发流程，其工作项层级采用传统的 Scrum 划分方法，即在 Scrum 项目模板中，可以根据实际需要以思维导图的形式设置不同层级的工作项，并给每个层级的工作项添加子工作项。

工作项层级依次为"功能规划"→"特性"→"用户故事"→"开发任务"。

1.　明确系统功能规划

功能规划（Epic）的粒度比较大，无法直接实现具体的功能，需要通过将其分解为特性（Feature），并将 Feature 继续分解为用户故事（Story）来完成最终的开发和交付。Epic 通常持续数月，需要多个迭代才能完成最终交付。

鲲鹏招聘系统是用于解决鲲鹏计算产业内企业定向人才招聘需求的应用系统，主要目的是提升招聘效率。但是，这只能简单描述该系统是什么，还需要进一步梳理功能需求。梳理功能需求需要从软件工程角度进行分解，将其拆分为大的模块，并明确各个模块的开发优先级，以便开发团队在某个阶段专注于当前的任务。在传统开发模式下，该阶段会输出相应的分析文档，后续阶段依据此文档进行进一步细化与分解，形成详细的需求文档，并开始执行开发任务。下面使用 CodeArts 的 Scrum 项目模板，根据用户类型和不同用户所需功能的不同，将鲲鹏招聘系统拆分为用户前台和管理后台，如图 2-14 所示。

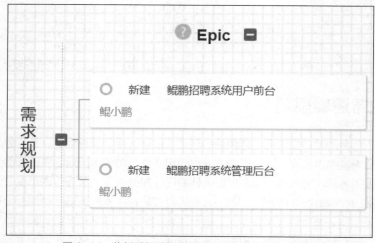

图 2-14　将鲲鹏招聘系统拆分为用户前台和管理后台

鲲鹏招聘系统用户前台：用户（特指"候选人"）注册、查看岗位、管理并投递简历的应用服务模块。

鲲鹏招聘系统管理后台：招聘活动管理、岗位管理、人才管理和消息管理的应用服务模块。

2. 拆解特性

Feature 通常是对用户有价值的功能，相比 Epic，Feature 更具体、更形象，用户可以直接感知它，并且它通常在产品发布时作为发布版本通知（ReleaseNotes）的一部分提供给用户。Feature 整体的开发工作可能持续数个星期，需要多个迭代才能完成。使用 CodeArts 的思维导图功能拆分用户前台和管理后台的 Feature，如图 2-15 所示。

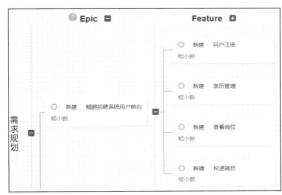

图 2-15　使用 CodeArts 的思维导图功能拆分用户前台和管理后台的 Feature

3. 定义用户故事

Story 是从用户角度对产品需求的详细描述，是对 Feature 的进一步拆解。Story 承接 Feature，并且可以放入有优先级的 Backlog 中。Backlog 持续规划、滚动调整优先级，始终让高优先级的 Story 更早地交付给用户。Story 通常需要满足 INVEST 原则。Story 通常持续数天，并应在一个迭代内完成交付。INVEST 原则的具体内容如下。

① 独立的（Independent）：减少 Story 之间的耦合性，Story 之间的依赖会影响开发计划的编排。

② 可协商的（Negotiable）：Story 是需求方和项目开发团队根据实际需求讨论的结果，并非固定不变、不可协商的。

③ 有价值的（Valuable）：Story 对应的是实际需求，这意味着 Story 要有存在的价值，无论是对实际的用户、需求方还是项目开发团队都应该存在实现的意义和价值。

④ 可评估的（Estimable）：这是控制项目边界和成本的重要原则。Story 要有具体的时间和成本边界，这样一方面方便制订开发计划，另一方面有利于项目整体的周期、成本和风险把控。

⑤ 短小的（Small）：Story 应尽量简单、短小。复杂的 Story 不利于开发工作量的评估，而且难以确定和其他 Story 的关联关系，进而导致优先级评估不准确。

⑥ 可测试的（Testable）：Story 应是有明确测试边界的、可提交测试团队验证的功能单元。

下面以候选人简历管理和管理员招聘活动管理为例定义 Story。

（1）候选人简历管理

简历是候选人呈现给招聘者的履历快照，也是招聘者快速了解候选人的首要途径。简历一般包含以下内容。

① 用户基本信息：包括姓名、性别、出生年月、家庭地址、政治面貌、电子邮箱、职能类别、

求职地点、求职意向等。

② 用户教育信息：包括所就读的院校、所修专业、学位、受教育的时间等。

③ 工作信息：包含过往工作履历和项目经验。其中，工作履历包括实习期或从第一份工作起所在企业名称、时间、部门、职位和对在企业所担当的职位的描述；项目经验包括在工作期间曾经参与过的项目，以及参与的时间、项目的名称、所负责的内容和对项目的描述。

④ 奖惩信息：包括自己过往经历中的奖惩信息。

简历管理 Feature 的 Story 如图 2-16 所示。

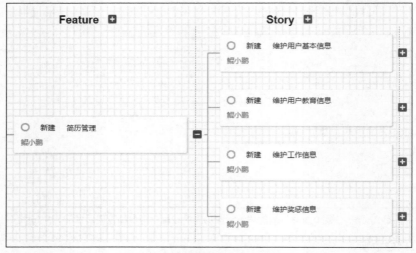

图 2-16　简历管理 Feature 的 Story

（2）管理员招聘活动管理

企业招聘通常有固定的招聘计划，每批次的招聘任务在鲲鹏招聘系统中定义为招聘活动，所以招聘活动存在时效性，在进行表结构设计时需要考虑到招聘活动的开始日期、结束日期。系统管理员或者人力资源（Human Resource，HR）专业人员可以向招聘活动添加当期有招聘需求的岗位。管理员可以创建招聘活动，设置招聘活动对应的起止日期，并将企业内岗位添加至即将发布的招聘活动中。据此，招聘活动管理 Feature 的 Story 如图 2-17 所示。

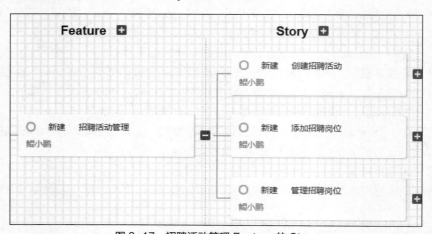

图 2-17　招聘活动管理 Feature 的 Story

招聘活动有时间限制，根据图 2-18 所示的招聘活动时间轴可知，招聘活动存在以下 4 种状态。

图 2-18　招聘活动时间轴

① 未发布：招聘活动尚未对外公开，由管理员创建招聘活动，维护招聘活动的信息，并可向招聘活动中添加岗位信息。

② 已发布：到开始日期后，招聘活动自动发布，候选人可以在用户前台看到相关招聘岗位信息，并且该招聘活动接收简历投递。

③ 已停止：招聘活动到达设定的停止接收简历时间节点后，状态调整为已停止。企业进入招聘的后续流程，如简历筛选、面试、体检等。

④ 已结束：招聘活动完成招聘任务，通过招聘全流程的候选人进入入职环节，该招聘活动结束。

4. 细化开发任务

定义好的 Story 并不是可执行的最小单元，在华为云项目管理中，Story 可以进一步拆解成开发任务（Task），每个任务都有自己的编号，再分配给开发团队成员。编程阶段的代码版本可以与任务编号进行关联。下面以"简历管理-维护用户基本信息"为例，完成 Task 的拆解，如图 2-19 所示。

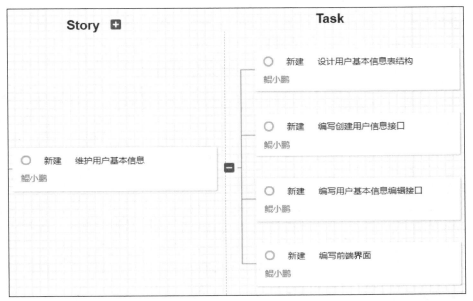

图 2-19　Task 的拆解

① 设计用户（即候选人）基本信息表结构：用户提交个人基本信息到鲲鹏招聘系统后，鲲鹏招聘系统需要对其进行保存。通常数据结构紧凑的业务数据都可以使用关系型数据库进行保存。这项任务需要结合实际需求明确用户基本信息表中应该包含的字段，如姓名、性别、出生年月、

家庭地址等个人信息。

② 编写创建用户信息接口：用户填写的数据通过此接口写入数据库中，其操作数据库的语句应该是 INSERT 语句。在数据写入之前，接口中的功能代码需要对用户输入的数据进行校验，如保证应聘人员年满 18 周岁。

③ 编写用户基本信息编辑接口：编辑接口是对用户已提交的基本信息进行修改的接口，其同样需要对修改的数据进行校验。通过各种业务逻辑校验后的数据应使用 UPDATE 语句更新到用户基本信息表中。

④ 编写前端界面：用户无法直接通过接口录入数据，而是通过前端的界面交互录入数据。前端的界面需要根据业务需求，由前端开发工程师编写。例如，前端开发工程师与后端开发工程师约定接口文档，确定哪些字段由用户自行填写，哪些字段是定义的隐藏字段等。

其余的功能需求这里不赘述，读者可以自行探索。

在实际的应用开发中，将系统拆分为多个模块后，通常由不同的团队成员负责不同模块的开发，通过约定的接口进行交互。接下来介绍代码规范和接口文档规范。

2.3.2 代码规范

遵循良好的代码规范是团队协同开发必不可少的要求。最好的效果是，团队成员看到其他团队成员编写的代码如同看到自己编写的代码一样，即拥有统一的代码风格，从而减少代码阅读成本。本书案例使用 Python 进行开发，本小节介绍华为内部使用的 PEP 8 代码规范。

PEP 8 代码规范对变量的命名、代码布局、注释、文档、方法使用等均提出了相关的要求，以保证项目代码风格统一。下面介绍命名要求和代码布局要求。

1. 命名要求

华为内部 Python 程序源码中的命名遵循 Guido（吉多）推荐的命名规范，如表 2-2 所示。

表 2-2　Python 程序源码的命名规范

类型	公共使用	内部使用
模块	小写单词和下画线，如 lower_with_under	单下画线开头，表示私有模块，如 _lower_with_under
包	小写单词和下画线，如 lower_with_under	
类	驼峰法命名，如 CapWords	单下画线开头，如_CapWords
异常	驼峰法命名，如 CapWords	
方法	小写单词和下画线，如 lower_with_under()	单下画线开头，表示私有方法，如 _lower_with_under()
全局/类的常量	大写单词和下画线，如 CAPS_WITH_UNDER	单下画线开头，如 _CAPS_WITH_UNDER
全局/类的变量	小写单词和下画线，如 lower_with_under	
实例变量	小写单词和下画线，如 lower_with_under	
函数/方法的参数	小写单词和下画线，如 lower_with_under	
局部变量	小写单词和下画线，如 lower_with_under	

这里以一段简单的代码为例，介绍符合 Guido 推荐的命名规范。

```
1.    import torndb    #引入模块
2.    from datetime import datetime
3.    class NamingDemo():        #类名
4.
5.        MYSQL_IP = '127.0.0.1'        #全局常量
6.        MYSQL_PORT = 3306            #全局常量
7.
8.        def get_db_connection(self):        #方法名
9.            mysql_user = 'hire'                #局部变量
10.           mysql_passwd = 'hire@123'         #局部变量
11.           try:
12. db =torndb.Connection("%s:%s"%(self.MYSQL_IP, self.MYSQL_PORT), "hire",
13.                            user=mysql_user, password=mysql_passwd)
14.               return db
15.           except ConnectionError:    #异常命名
16.               raise
17.
18.       def print_date(self):
19.           from datetime import datetime    #从 datetime 模块中引入
20.           print(datetime.now())
```

2. 代码布局要求

Python 是使用缩进区分代码块的语言，每个缩进级别均为 4 个空格。当 Tab 键定义为 8 个空格时，Python 编译器会报错，错误信息为 "IndentationError: unexpected indent"。在 Python 3 中，缩进不允许混用 Space 键和 Tab 键。

```
1.    class NamingDemo():                #类名
2.        MYSQL_IP = '127.0.0.1'        #全局常量
3.        MYSQL_PORT = 3306            #全局常量
4.
5.            def get_db_connection(self):    #方法名前多了 4 个空格的缩进
6.                mysql_user = 'hire'            #局部变量
7.                mysql_passwd = "hire@123"    """ 局部变量，Python 中单引号字符串等同于
                                                    双引号字符串 """
```

报错信息：

```
1.    def get_db_connection(self):        #方法名
2.        ^
3.    IndentationError: unexpected indent    #缩进错误
```

为了便于在不同的集成开发环境（Integrated Development Environment，IDE）或各类编辑器上阅读，Python 约定每行不超过 80 个字符。较长的文本可使用反斜线 "/" 实现换行，也可使用三引号字符串表示，因为三引号引用的字符串是默认去掉空字符和换行符的。另外，当函数调用较长的

参数列表时，可直接使用换行符换行。

```
1.   def has_avatar(self):
2.      abs_avatar_path = os.path.join(os.path.dirname(os.path.dirname
                 (os.path.dirname(__file__))),  #在逗号位直接换行
3.                'static', self.avatar_path(True))
4.     return True if os.path.exists(abs_avatar_path) else False
```

2.3.3 接口文档规范

流程执行到最后需要输出接口文档。表 2-3 所示为华为接口文档规范，可供用户参考。

表 2-3 华为接口文档规范

接口文档内容	要求
典型场景	
接口功能	
接口约束	
调用方法	（1）语言统一，不允许中英文混用
URI	（2）表述完整
请求参数	（3）描述准确，不允许存在信息遗漏、自相矛盾等情况
请求示例	
响应参数	

结合接口文档规范，以用户注册功能为例，可以输出如下接口文档。

① 典型场景：鲲鹏招聘系统用户前台用户注册。
② 接口功能：根据用户邮箱实现用户注册。前端对用户设定的密码进行加密。
③ 接口约束：输入参数以 JSON 格式传入。

```
data = {
        'email':'user email',
        'password':'user passwd' 加密后的字符
    }
```

④ 调用方法：post。
⑤ URI：/register。
⑥ 请求参数：见接口约束中的输入参数。
⑦ 请求示例：http://ip:port/register。
⑧ 响应参数。

```
result = {
     'code':0,  #0 表示正常，9 表示异常
     'info':'用户邮箱已注册，请使用邮箱登录'
     'info':'激活邮件已发送，请注意查收'
}
```

2.4 本章练习

1. 当将鲲鹏招聘系统部署到企业中时，如果对硬件选型有国产化的要求，分析此需求属于功能需求还是非功能需求？

2. 除了本章提到的非功能需求，分析还有哪些场景的架构设计是非功能需求？

3. 根据本章的架构需求，设计云上架构图，看看哪些组件可以替换为华为云服务，云原生架构和当前架构有何不同？

4. 依据 Scrum 模型，使用华为云项目管理中的工作规划功能，梳理用户注册的业务逻辑，并绘制相应的思维导图。

第3章

鲲鹏招聘系统数据库设计与实现

学习目标

- 了解数据库相关理论知识。
- 掌握鲲鹏招聘系统的数据库创建和表创建的方法。
- 了解华为云数据库服务提供了对哪些关系型数据库和非关系型数据库的支持。

数据库的相关技术是随着信息技术的发展和人们对信息管理需求的增加而发展起来的，是计算机领域中非常重要的技术。数据库技术主要研究如何科学地组织和管理数据，从而为人们提供可共享的、安全的、可靠的数据。本章将对鲲鹏招聘系统数据库的设计与实现进行介绍。

3.1 了解数据库

数据库技术已发展成为现代计算机应用系统的基础和核心。伴随着互联网、大数据、AI 等技术的蓬勃发展，数据库技术和产品更是百花齐放，带动着软件产业的发展。

3.1.1 数据库技术概述

数据库技术包含 4 个相关概念，即数据、数据库、数据库管理系统（Database Management System，DBMS）和数据库系统，具体介绍如下。

1. 数据

数据是数据库中存储的基本对象，其可以是数字，也可以是文字、图形、图像、音频、视频等。数据有多种表现形式，不同表现形式的数据可以在经过数字化后存入计算机。计算机系统早期主要用于科学计算，处理的数据是数值型的，如整数、浮点数等。

数据的表现形式还不能完全表达其内容，需要有解释，因此数据和数据的解释是密不可分的。数据的解释是指对数据含义的说明，数据含义也称为数据语义。在日常生活中，人们可以直接用自然语言（如汉语）来描述事物。例如，可以这样描述某校计算机系一位学生的基本情况：李明，男，1995 年 5 月生，江苏省南京市人，2013 年入学；这在计算机中的描述为：（李明，男，1995-05，江苏省南京市，计算机系，2013），即把学生的姓名、性别、出生年月、出生地、所在院系、入学时间等组织在一起，构成一条记录。这里的记录就是描述学生的数据。这样的数据是有结构的。

2. 数据库

数据库可以被理解为存放数据的仓库，也可以被理解为长期存储在计算机内的、有组织的、可共享的大量数据的集合。数据库中的数据具有以下 3 个基本特点。

（1）长期存储：数据库提供数据长期存储的可靠机制，在系统发生故障后能够进行数据恢复，从而保证数据库中的数据不会丢失。

（2）有组织：数据库中的数据按一定的数据模型组织、描述和存储，具有较小的冗余度（Redundancy）、较高的数据独立性（Data Independency）和易扩展性（Scalability）。

（3）可共享：数据库中的数据是供各种用户使用的，而不是某个用户专有的。

3. 数据库管理系统

数据库管理系统是一款能够合理地组织和存储数据，高效地获取和维护数据的系统软件，是位于用户与操作系统之间的数据管理软件，其主要功能如下。

（1）数据定义功能。数据库管理系统提供数据描述语言（Data Description Language，DDL），用户通过它可以方便地对数据库中的数据对象的组成与结构进行定义。

（2）数据组织、存储和管理功能。数据库管理系统可以分类组织、存储和管理数据等。数据库管理系统可以确定以何种文件结构和存取方式在存储空间中组织数据以及如何实现数据之间的联系。数据库管理系统的基本目标是提高存储空间利用率和方便存取，其提供了多种存取方法（如索引查找、Hash 查找、顺序查找等）来提高存取效率。

（3）数据操纵功能。数据库管理系统提供数据操纵语言（Data Manipulation Language，DML），用户可以使用它来操纵数据，实现对数据库的基本操作，如查询、插入、删除和修改等。

（4）数据库的事务管理和运行管理功能。数据库在建立、运行和维护时由数据库管理系统统一管理及控制，以保证事务的正确运行，以及数据的安全性和完整性。

（5）数据库的建立和维护功能。该功能包括数据库初始数据的输入和转换功能，数据库的转储、恢复功能，数据库的重组织功能，以及性能监视、分析等功能，这些功能通常由一些应用程序或管理工具实现。

（6）其他功能。其他功能包括数据库管理系统与网络中其他软件系统的通信功能、一个数据库管理系统与另一个数据库管理系统或文件系统的数据转换功能、异构数据库之间的互访和互操作功能等。

4. 数据库系统

数据库系统是由数据库、数据库管理系统（及其应用开发工具）、应用程序和数据库管理员组成的存储、管理、处理和维护数据的系统。

3.1.2　数据管理技术发展史

数据库技术是应数据管理任务的需求而产生的。在应用需求的推动下，随着计算机硬件、软件的发展，数据管理技术经历了人工管理、文件系统和数据库管理系统 3 个阶段，其发展时间线如图 3-1 所示。

1. 人工管理阶段

在 20 世纪 50 年代中期以前，计算机主要用于科学计算，一般不需要长期保存数据，在使用时将数据输入，使用完成后即可将数据移除。

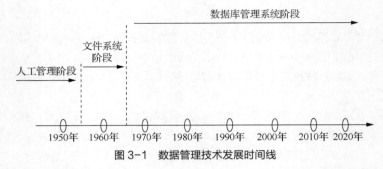

图 3-1　数据管理技术发展时间线

人工管理阶段应用程序与数据之间的对应关系如图 3-2 所示。这一阶段的数据管理存在很多弊端，数据需要应用程序自己设计、定义和管理，没有相应的软件系统负责数据管理工作。应用程序中不仅要规定数据逻辑结构，还要设计物理结构，包括存储结构、存取方法、输入方式等，这导致程序开发人员的负担非常重。

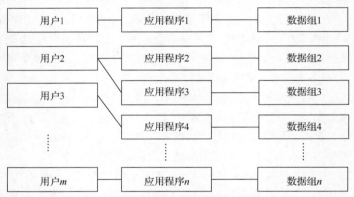

图 3-2　人工管理阶段应用程序与数据之间的对应关系

2. 文件系统阶段

20 世纪 50 年代中期到 20 世纪 60 年代中期，在硬件方面，已经有了磁盘、磁鼓等直接存取设备；在软件方面，操作系统中已经有了专门的数据管理软件，一般称之为文件系统。文件系统阶段应用程序与数据之间的对应关系如图 3-3 所示。

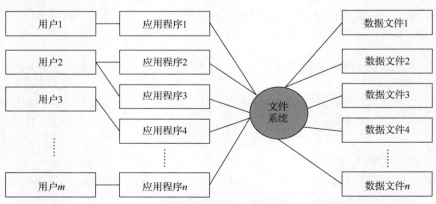

图 3-3　文件系统阶段应用程序与数据之间的对应关系

文件系统的优点如下。

（1）数据能长期保留，数据的逻辑结构和物理结构之间有区别；应用程序可以按名访问数据，而不必关心数据的物理位置，由文件系统提供存取方法。

（2）数据不属于某个特定应用，即应用程序和数据之间不再是直接的对应关系，数据可以被重复使用。

（3）文件组织形式多样化，有索引文件、链接文件、Hash 文件等。

文件系统的缺点如下。

（1）数据存在冗余。

（2）数据之间存在不一致。

（3）数据之间联系弱。

3. 数据库管理系统阶段

自 20 世纪 60 年代中期以来，硬件方面已有大容量磁盘，硬件价格下降；软件价格上升，为编制和维护系统软件及应用程序所需的成本相对增加；在处理方式上，联机实时处理要求更多，并开始提出和考虑分布式处理。随着计算机管理对象的规模越来越大，应用范围越来越广泛，数据量急剧增长，同时多种应用、多种语言互相覆盖地共享数据集合的要求越来越强烈。以文件系统作为数据管理手段已经不能满足应用的需求，为解决多用户、多应用共享数据的需求，使数据为尽可能多的应用服务，数据库技术应运而生，且统一管理数据的专门软件系统——数据库管理系统出现了。数据库管理系统阶段，应用程序与数据之间的对应关系如图 3-4 所示。

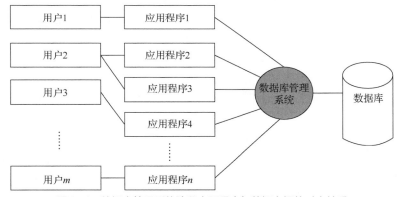

图 3-4　数据库管理系统阶段应用程序与数据之间的对应关系

数据库管理系统的特点如下。

（1）数据库采用复杂的数据模型表示数据结构。数据模型不仅可以描述数据本身的特点，还可以描述数据之间的联系，数据不再面向某个应用，而是面向整个应用系统。数据之间可以实现共享，冗余减少。

（2）有较高的数据独立性。

3.1.3　数据库分类

数据库可以按照部署方式、业务类型、数据模型、存储介质等方式进行分类，其中数据模型是较常使用的分类方式之一，也是数据库选型的重要参考。表 3-1 所示为按照数据模型对数据库进行分类的常见类别。

表 3-1 按照数据模型对数据库进行分类的常见类别

数据模型	范例数据库
网状数据库	AIM、IDS、UNIVAC
层次数据库	IMS
关系型数据库	MySQL、DB2、Oracle、Sybase、SQL Server、PostgreSQL、OceanBase
键值对数据库	Berkeley DB、LevelDB、Redis、Voldemort
文档数据库	MongoDB、Terrastore、CouchDB、RavenDB
列存储数据库	Cassandra、HBase、Hypertable、Amazon SimpleDB
图形数据库	Infinite Graph、FlockDB、HyperGraphDB、Neo4j、OrientDB

3.1.4 华为云数据库基础服务

随着云计算技术的大规模应用，传统软件产品都开始由独自部署模式向云服务模式转变。作为信息系统核心软件，数据库也被数据库企业迁移到云端，形成云数据库。云数据库是指被优化或部署到虚拟计算环境中的数据库，以服务或产品形式对外提供技术支撑。

自 2009 年以来，云数据库逐渐在市场崭露头角。当前，企业业务系统上云已是大势所趋，越来越多的企业正将业务系统迁移到云上，享受云计算带来的服务变革，这些变革将大大降低企业业务系统的使用成本和维护成本。"易、稳、快、弹、密"是对云数据库的需求，也是其演进方向。云数据库在服务可用性、数据可靠性、系统安全性、备份恢复能力、软硬件投入、系统托管、扩容能力、资源利用率上，相比传统数据库都具有非常明显的优势。

下面简单介绍华为云上对应的部分数据库基础服务。

1．关系型数据库

华为云上的关系型数据库是一种基于云计算平台的即开即用、稳定可靠、可弹性伸缩、管理便捷的在线云数据库。

关系型数据库具有完善的性能监控体系和多重安全防护措施，并提供了专业的数据库管理平台，让用户能够在云上轻松地设置和扩展云数据库。通过关系型数据库的管理控制台，用户无须编程就可以执行所有必需任务，简化运营流程，减少日常运维工作量，从而专注于应用开发和业务发展。

2．文档数据库服务

文档数据库服务（Document Database Service，DDS）完全兼容 MongoDB 协议，提供安全、高可用、高可靠、弹性伸缩和易用的数据库服务，同时提供一键部署、弹性扩容、容灾、备份、恢复、监控和告警等功能。

3．分布式数据库中间件

分布式数据库中间件（Distributed Database Middleware，DDM）可以解决单机关系型数据库对硬件依赖性强、数据量增大后扩容困难、数据库响应变慢等难题，突破了传统数据库的容量和性能瓶颈，能实现海量数据高并发访问。

4．数据复制服务

数据复制服务（Data Replication Service，DRS）是一种易用、稳定、高效，用于数据库实时迁移和数据库实时同步的云服务。此服务围绕云数据库，降低了数据库之间数据流通的复杂性，可以有效地减少数据传输成本。

5. 数据管理服务

数据管理服务（Data Admin Service，DAS）是一种提供数据库可视化操作的服务，具有基础 SQL 操作、高级数据库管理、智能化运维等功能，旨在帮助用户安全、智能地进行数据库管理。

3.1.5 数据库架构介绍

在早期数据量不多的时候，数据库通常采用单机服务，即在一台专用服务器上安装数据库软件，对外提供数据存取服务。随着业务规模的增大，数据库存储的数据量和承载的业务不断增加，数据库架构需要随之变化才能为上层应用提供稳定和高效的数据服务。按照主机数量，数据库架构可以分为单机架构和多机架构，如图 3-5 所示。

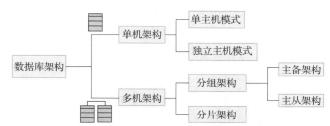

图 3-5　按照主机数量对数据库架构进行分类

1. 单机架构

在单机架构中，单主机模式会把应用程序和数据库部署在同一台主机上。

为了避免应用程序服务和数据库服务对资源的竞争，单机架构从早期的单主机模式发展到独立主机模式，即把数据库部署在一台主机上，而把应用程序部署在另一台或多台主机上。把应用程序和数据库分开后，应用程序能够通过增加服务器的数量进行负载均衡，从而增强系统并发能力。单机架构具有开发简单、部署方便等特点。但是，单机架构还有以下不足。

① 单机架构只能纵向扩展。虽然可以通过增加硬件配置来提升性能，但单台主机可配置的硬件很容易达到上限。

② 在数据库需要进行扩容时往往需要停机扩容，此时服务会停止，并且硬件故障会导致整个服务不可用，甚至数据丢失。

③ 随着业务量的增加，单机架构会遇到性能瓶颈问题。

2. 多机架构

多机架构通过增加服务器数量来提升整个数据库服务的可用性和服务能力。多机架构按照数据是否分片分为分组和分片两种架构。下面主要介绍分组架构中的主备架构和主从架构。

（1）主备架构

为了解决单机架构中的单点故障问题，由单机架构衍生出了多机架构中的主备架构，如图 3-6 所示。

在主备架构下，数据库部署在两台服务器上，其中承担数据读写服务的服务器称为主机（Master），利用数据同步机制完成主机数据复制操作的服务器称为备机（Backup）。同一时刻，只有一台服务器对外提供数据服务。主机和备机有时也被称为主库和备库。主机和备机的数据复制有同步复制和异步复制两种方式。在主备架构下，应用开发不需要考虑数据库故障，同时主备架构相对单机架构提升了数据容错性，但其仍然存在以下明显不足。

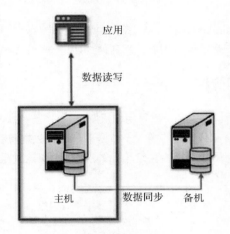

图 3-6　主备架构

① 资源浪费，备机和主机具备同等配置，但基本上无法同时利用这些配置。

② 性能压力仍然集中在单机上，无法解决性能瓶颈问题。

③ 当出现故障时，主机和备机的切换需要一定的人工干预或者监控。

（2）主从架构

主备架构只解决了数据可用性问题，无法解决性能瓶颈问题，即性能依然受制于单台服务器，增加服务器数量无法实现数据库性能提升。为了突破性能瓶颈，出现了主从架构，如图 3-7 所示。

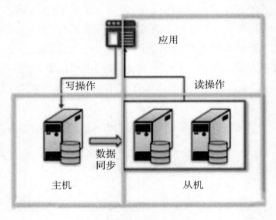

图 3-7　主从架构

主从架构的部署模式和主备架构的部署模式相似，但此时备机换为从机（Slave），从机可以对外提供一定的数据服务。主从架构通过读写分离方式分散性能压力：写入、修改、删除操作在写库（主机）上完成，查询操作在读库（从机）上完成。

主从架构的优点明显，资源利用率提升，适用于读多写少的应用场景，在大并发读的使用场景中，可以使用负载均衡器在多个从机间进行平衡，且从机扩展性强，扩容操作不会影响业务进行。

但主从架构也存在以下不足之处。

① 存在延迟问题，即数据同步到从机时会有延迟，所以应用必须能够容忍短暂的不一致性。主从架构对于一致性要求非常高的场景是不适用的。

② 写操作的性能压力集中在主机上。

③ 当主机出现故障时，需要实现主从切换，而人工干预需要响应时间，自动切换复杂度较高。

除了以上介绍的几种架构，数据库架构仍在不断衍生，包括共享存储多活架构、分片架构、无共享架构、海量并行处理（Massive Parallel Processing，MPP）架构等，此处不展开介绍。

3.2 鲲鹏招聘系统关系型数据库设计、实现与管理

3.2.1 云数据库 GaussDB(for MySQL)介绍

目前的主流数据库在面向业务时主要可分为联机事务处理（Online Transaction Processing，OLTP）和联机分析处理（Online Analytical Processing，OLAP）两大类。

OLTP 是传统的关系型数据库的主要应用，它通过存储/查询业务应用中活动的数据，以支撑企业基本的、日常的事务处理和业务活动。

OLAP 是数据库系统的主要应用，主要用来存储历史数据以支持复杂的分析操作，侧重决策支持，并提供直观易懂的查询结果。

针对 OLTP 应用场景，华为推出了云数据库 GaussDB(for MySQL)。云数据库 GaussDB(for MySQL)是华为自研的新一代企业级高扩展海量存储分布式数据库，完全兼容 MySQL，基于华为数据功能虚拟化（Data Function Virtualization，DFV）存储，采用计算存储分离架构，具有 128TB 的海量存储空间，既拥有商业数据库的高可用性，又具备开源、低成本等特性。云数据库 GaussDB(for MySQL)整体架构自下向上分为 3 层，如图 3-8 所示。

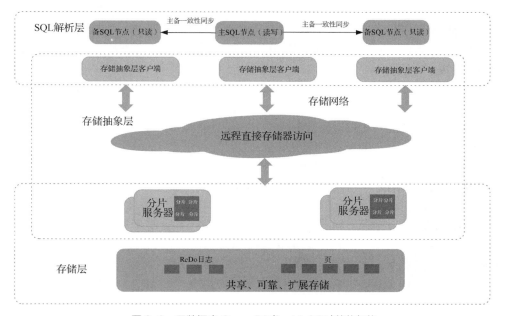

图 3-8 云数据库 GaussDB(for MySQL)整体架构

（1）存储层：基于华为 DFV 存储，提供分布式、强一致和高性能的存储能力。此层可以保障数据的可靠性以及横向扩展能力。

（2）存储抽象层（Storage Abstraction Layer，SAL）：将原始数据库基于表文件的操作抽象为对应分布式存储，向下对接 DFV，向上提供高效调度的数据库存储语义，是数据库高性能的核心。

（3）SQL 解析层：此层复用 MySQL 8.0 代码来保证与开源的 MySQL 兼容，用户业务从 MySQL 迁移到云数据库时不用修改任何代码，从其他数据库迁移时也能使用 MySQL 生态的语法、工具，这样可以降低开发、学习成本。

为避免因故障切换而导致的业务长时间中断，GaussDB(for MySQL)基于远程直接存储器访问（Remote Direct Memory Access，RDMA）技术构建全局缓存机制。其基本思路是将主机数据实时同步，将事务修改页保存在全局缓冲池（Global Buffer Pool，GBP）远端内存中，当备机升为主机时，无须日志回放（或者跳过大量的待回放日志），直接从 GBP 读取待恢复界面，从而在出现故障时能通过同步镜像的内存快速完成主备切换，使得备机升为主机的时间由不可控变成可控，将主备切换时间缩短至秒级。

3.2.2 鲲鹏招聘系统数据表设计

基于第 2 章的应用需求分析可知，鲲鹏招聘系统需要满足候选人的投递简历、查看岗位、简历管理以及管理员的招聘活动管理、岗位管理、人才管理、消息管理等需求，因此需要设计如下几张数据表：用户表（user）、简历表（resume）、应聘人才表（talent）、招聘信息表（position）、活动表（recruit）、招聘统计表（count）。

1. 功能分析

根据鲲鹏招聘系统的主要业务，可以将该系统分为管理员子系统和候选人子系统。

（1）管理员子系统

管理员子系统主要的数据处理过程包括对个人账号信息的管理、对招聘信息的管理、对招聘录用候选人信息的管理；操作内容包括查看个人账号信息，修改个人账号信息，修改个人账号密码，发布、删除、修改、查看招聘信息，查看简历投递情况，录用候选人，查看录用情况，删除录用候选人，具体说明如下。

① 查看个人账号信息：根据管理员登录的账号，系统查找相应的账号信息，并将查找到的账号信息输出到系统界面中。

② 修改个人账号信息：根据管理员登录的账号，系统查找账号信息，管理员可以直接对信息进行修改，修改完成后，信息被传回数据库进行保存。

③ 修改个人账号密码：管理员首先输入旧密码，接着输入两次新密码，若旧密码匹配成功，且前后两次输入的新密码相同，则修改成功，新密码被传回数据库进行保存；否则修改失败，系统返回修改密码界面。

④ 发布招聘信息：根据实际情况，管理员可发布所需的招聘信息，每一条信息都不能为空，且联系人的手机号码必须输入正确。管理员信息输入完成后，提交并发布给系统，系统将信息传回数据库进行添加操作。

⑤ 删除招聘信息：管理员可选中要删除的招聘信息进行删除，删除成功后，系统将信息传回数据库进行永久性删除。

⑥ 修改招聘信息：管理员可选中要修改的招聘信息，系统将该信息输出到系统界面中，管理员

可对旧信息进行修改，修改后的招聘信息不能为空。管理员提交修改后，系统将信息传回数据库进行保存操作。

⑦ 查看招聘信息：系统根据管理员账号匹配已发布的招聘信息，将招聘信息输出到系统界面中。

⑧ 查看简历投递情况：系统根据发布的招聘信息编号统计一共有多少求职人员进行了简历投递，将统计好的招聘信息输出到系统界面中，管理员可以查看详细的候选人信息。

⑨ 录用候选人：管理员可以查看特定招聘信息的详细投递情况，选择合适的候选人进行录用。同一个候选人只能被录用一次，已被其他公司录用的候选人不可以被再次录用。录用候选人成功后，系统需要将数据传回到数据库进行保存操作。

⑩ 查看录用情况：系统可以根据录用的招聘信息的编号来统计一共录用了多少候选人，将统计好的招聘信息输出到系统界面中，管理员可以查看详细的候选人信息。

⑪ 删除录用候选人：管理员可以查看特定招聘信息的详细录用情况，选择要删除的候选人信息进行删除。删除成功后，系统需要将信息传回到数据库进行永久性删除。

（2）候选人子系统

候选人子系统主要的数据处理过程包括对个人信息的处理、对投递简历信息的处理；操作内容包括查看、修改个人信息，修改个人密码，投递简历，查看投递的简历，删除投递的简历，查看录用信息，具体说明如下。

① 查看个人信息：根据候选人登录的账号，系统查找数据库中的信息，将查找到的个人信息输出到系统界面中。

② 修改个人信息：根据候选人登录的账号，系统查找其对应的个人信息，候选人可直接对信息进行修改，修改完成后，传回数据库进行保存。

③ 修改个人密码：候选人首先输入旧密码，接着输入两次新密码，若旧密码匹配成功，且前后两次输入的新密码相同，则修改成功，新密码被传回数据库进行保存；否则修改失败，系统返回修改密码界面。

④ 投递简历：候选人可根据实际情况，选择想要投递的招聘信息进行简历投递。同一条招聘信息不能重复投递。投递成功后，系统将数据传回数据库进行保存操作。

⑤ 查看投递的简历：系统根据候选人投递的招聘信息，对数据库进行查找，将候选人投递过的招聘信息全部输出到系统界面中。

⑥ 删除投递的简历：系统根据实际情况，输出候选人进行了简历投递的全部招聘信息，候选人选择需要删除的投递信息进行删除，删除成功后，系统将数据传回到数据库进行永久性删除。

⑦ 查看录用信息：若候选人被用人单位录用，则系统将被录用的候选人输出到系统界面中；若没有被录用，则系统输出相关提示。

2. 系统 E-R 图

实体关系（Entity Relationship，E-R）图是数据库设计和系统分析中广泛使用的一种图形化工具。E-R 图通过图形方式表示系统中实体的属性、实体间的关系以及可能的约束条件，是理解复杂系统数据结构的一种直观方式。E-R 图的主要组成元素如下。

① 实体（Entity）：系统中可区分的对象或事物，可以是具体的人、地点或物体，也可以是抽象的概念或信息集合。实体在 E-R 图中通常用矩形表示。

② 属性（Attribute）：描述实体特征的信息片段，如姓名、性别或出生日期等。属性在 E-R 图中通常用小圆圈或椭圆表示，并通过线段连接到对应的实体。

③ 关系（Relationship）：表示两个或多个实体间的逻辑联系，如"雇佣"关系可能连接"员工"实体和"公司"实体。关系在 E-R 图中用菱形表示，并通过线段与相关实体连接。

④ 键（Key）：用于唯一标识实体集中的实体。主键（Primary Key）是一种特定的键，主键不能包含 NULL 值。

⑤ 基数（Cardinality）：描述实体间关系的数量约束，如一对一、一对多或多对多。

E-R 图旨在将现实世界的情形简化为图形模型，这有助于数据库设计者和系统分析师理解信息系统的结构，从而在实际的数据库设计和开发过程中做出合理的决策。E-R 图可以在实现数据库之前详细规划数据库的结构，提高数据组织的效率和系统的整体性能。

根据对鲲鹏招聘系统主要功能及业务表的分析，可以绘制鲲鹏招聘系统的 E-R 图，如图 3-9 所示。

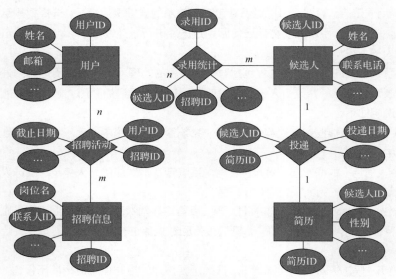

图 3-9　鲲鹏招聘系统的 E-R 图

基于绘制的鲲鹏招聘系统 E-R 图，可以定义用户表和简历表的结构。用户表存储鲲鹏招聘系统的管理员信息，包括用户 ID、姓名、密码、邮箱、电话号码、岗位级别等基本信息，如表 3-2 所示。

表 3-2　用户表的定义

编号	字段名称	数据类型	说明
1	user_id	long	用户 ID（主键）
2	user_name	varchar2(50)	姓名
3	password	varchar2(50)	密码
4	email	varchar2(50)	邮箱
5	phone_num	varchar2(50)	电话号码
6	user_level	varchar2(50)	岗位级别

简历表存储候选人的应聘信息，包括简历 ID、候选人 ID、姓名、性别、邮箱、出生年月、籍贯、工作年月、住址、学历、电话号码、年薪，如表 3-3 所示。另外，候选人的教育背景、工作经验、奖惩情况、个人说明等情况可以根据需要单独成表，这里不再详细列出。

表 3-3　简历表的定义

编号	字段名称	数据类型	说明
1	resume_id	long	简历 ID（主键）
2	user_id	long	候选人 ID
3	re_name	varchar2(50)	姓名
4	re_sex	integer	性别
5	re_email	varchar2(50)	邮箱
6	re_birthday	varchar2(50)	出生年月
7	re_place	varchar2(100)	籍贯
8	re_worktime	varchar2(50)	工作年月
9	re_address	varchar2(100)	住址
10	re_topedu	varchar2(50)	学历
11	re_phone_num	varchar2(50)	电话号码
12	re_salary	bigint	年薪

3.2.3　使用 GaussDB(for MySQL)创建数据表

在定义了表结构之后，可以在数据库系统中创建数据表。本小节介绍如何使用 GaussDB(for MySQL)创建数据表。

1. 创建数据库

用户必须拥有创建数据库的权限或数据库的系统管理员权限才能创建数据库。初始时，GaussDB(for MySQL)包含两个模板数据库——template0、template1，以及一个默认的用户数据库——postgres。CREATE DATABASE 实际上是通过复制模板数据库来创建新数据库的，且只支持复制 template0。

使用如下命令创建一个新的数据库 db_tpcds。

```
gaussdb=#CREATE DATABASE db_tpcds;
CREATE DATABASE
```

数据库创建完成后，可使用\l 命令查看数据库系统的数据库列表。

```
gaussdb=#\l
```

2. 创建数据表

数据表是建立在数据库中的，在创建了上述数据库之后，可以创建其中的数据表。使用如下命令创建用户表 user。

```
gaussdb=#CREATE TABLE user
(
    user_id          long,
    user_name     varchar2(50),
    password        varchar2(50),
    email             varchar2(50),
```

```
        phone_num          varchar2(50),
        user_level             varchar2(50),
```

其中，user_id、user_name、password、email、phone_num、user_level 是表的字段名称，long、varchar2(50)是这些字段的类型。通过 select 语句可以查看用户表中的信息，如图 3-10 所示。

```
kunpeng=> select * from user;
user_id | user_name | password | email | phone_num | user_level
--------+-----------+----------+-------+-----------+-----------
```

图 3-10　通过 select 语句查看用户表中的信息

3.3 非关系型数据库

本节主要介绍非关系型数据库，并重点介绍在传输时延和数据处理时延方面都具有优异表现的 Redis 数据库。

3.3.1 非关系型数据库介绍

非关系型数据库的特点是使用键值对存储数据，一般不具备 ACID（Atomicity Consistency Isolation Durability，原子性、一致性、隔离性和持久性）特性。非关系型数据库可以看作是一种数据结构化存储方法的集合。

那么非关系型数据库相比关系型数据库有什么优势呢？首先，非关系型数据库在使用时无须经过 SQL 层的解析，可以直接处理请求，无须经过复杂的语法验证、安全验证等过程，读写性能很高。其次，非关系型数据库中的数据基于键值对存储，没有耦合性，相对更容易扩展。再次，非关系型数据库的存储格式较为丰富，可以是键值对形式，也可以是文档形式、图片形式等；而关系型数据库只支持结构化数据存储。最后，非关系型数据库部署简单，且大部分是开源的，因此其部署成本较低。

由于非关系型数据库没有像关系型数据库那样有严格统一的标准，因此不同的非关系型数据库之间的差别非常大，这增加了学习和使用非关系型数据库的成本。另外，非关系型数据库的数据结构相对复杂，复杂查询方面的能力相对欠缺。

根据数据存储类型不同，非关系型数据库可以分为文档数据库、键值对数据库、列存储数据库以及图形数据库。

1. 文档数据库

比较典型的文档数据库是 MongoDB，MongoDB 使用 BSON（类 JSON 的一种二进制形式）格式存储数据，文档是包含键值对集合的 JSON 对象，可以轻松地存储复杂和嵌套的数据结构。与传统的关系型数据库不同，MongoDB 不需要预先定义模式，这提供了极大的灵活性和可扩展性。华为云上的数据库服务也提供了类似的文档型云数据库服务，即 DDS。

文档数据库服务目前支持分片集群、副本集和单节点这 3 种部署架构。该服务可以应用在游戏、移动应用、物联网及大数据等场景中。

2. 键值对数据库

Redis 是较为典型的键值对数据库，也称为内存数据库。Redis 的主要应用场景为内容缓存，主要用于处理大量数据的高访问负载，也用于一些日志管理系统。其特点是查找速度快。同样，华为云上的数据库服务有类似的云数据库，即 GaussDB(for Redis)。

3. 列存储数据库

比较典型的列存储数据库有 Cassandra 及 HBase，它们都是分布式数据库。列存储数据库将同一列数据存储在一起，查找速度快，可扩展性强，更容易进行分布式扩展。

4. 图形数据库

典型的图形数据库有 Neo4j、Infinite Graph 等。图形数据库主要用于社交网络、推荐系统等场景，专注于构建关系图谱。华为云数据库服务中的图引擎服务（Graph Engine Service，GES）具有此类效果。

图引擎服务是拥有自主知识产权的国产分布式原生图引擎，是针对以"关系"为基础的"图"结构数据进行查询、分析的服务，广泛应用于社交应用、企业关系分析、风控、推荐、防欺诈等具有丰富关系数据的场景。

3.3.2　非关系型数据库应用

通常来说，一个企业中的网页服务器和数据库服务器并不是同一台服务器。当用户访问网页服务器上的应用时，网页服务器需要到数据库服务器中查询数据。试想一下，在这个过程中系统会有哪些延迟呢？显然，由于涉及不同服务器之间的通信及数据的传输，必然会存在传输时延以及设备处理数据的时延。如果整个过程具有较大的时延，则对实时性要求高的业务不是非常友好。那么如何解决这个问题呢？一种有效的方法是将数据存储在本地服务器上以减少传输时延，同时为了加快 I/O 速度，最好能够把数据放在内存中，这样处理数据的速度也会加快。基于这种解决方法，希望有这样一种数据库：其能将数据存储在网页服务器的内存中，这样传输时延和数据处理时延都会减少。此时，整个过程发生了什么变化呢？当用户访问网页服务器上的应用时，网页服务器会从数据库服务器获得数据，数据会通过网络回传到网页服务器上，此时有了内存数据库，被传回来的数据会被暂时存放在网页服务器的内存中，当用户再次访问该数据时就能很快得到响应。如果该数据长时间没有被使用，则会被内存释放，因为内存的资源十分紧张。Redis 数据库可以满足上述要求，其使用示意如图 3-11 所示。

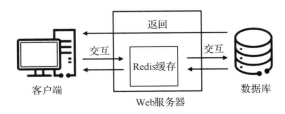

图 3-11　Redis 数据库使用示意

Redis 数据库是一种高性能的键值对数据库，全称是 Remote Dictionary Server（远程字典服务器）。由于 Redis 数据库的读写性能高，因此常被用作缓存层，以减少对主数据库的访问压力，提高应用响应速度。虽然 Redis 数据库是一种基于内存的数据库，但是其提供了数据持久化方法，支持的数据类型很丰富，并且支持服务端计算集合的并集、交集和补集等，还支持多种排序功能。基于这些特点，Redis 数据库经常被应用于如下场景。

（1）获取最新的 N 个数据的操作，如获取某个网站最新发布的几篇文章。

（2）排行榜应用，获取 TOP N 操作。该场景与上一场景的不同之处在于，上一场景以时间为权值，该场景以某个条件为权值。利用 Redis 数据库的有序集合，可以方便地实现各种排行榜功能。

（3）需要精准设定过期时间的应用，如用户会话信息等。

（4）计数器应用，如记录用户访问网站的次数等。

（5）消息队列，通过其发布/订阅和列表功能，Redis 数据库可以实现简单的消息队列系统。

3.4 本章练习

1. 学习完前面的内容后，动手实践设计鲲鹏招聘系统的数据表。
2. 列出常用的非关系型数据库。

第4章

开发构建

学习目标

- 掌握版本控制系统、开发团队角色及职责相关知识。
- 掌握使用 CodeArts 进行应用开发的步骤。
- 熟悉代码开发相关的工具。
- 掌握构建应用的基本步骤。

第 2 章介绍了如何对鲲鹏招聘系统进行需求分析，第 3 章完成了鲲鹏招聘系统数据库的设计，本章将介绍开发构建阶段需要完成的任务。

开发环节主要由前端和后端的开发工程师参与：前端开发工程师与交互设计师、产品经理协作完成 Web 界面展示和交互逻辑实现，保证在不同显示端都有较好的用户体验；后端开发工程师完成服务端的接口开发，确保业务逻辑及数据交互的准确性。

4.1 版本控制系统、开发团队角色及职责

在现代软件开发中，成功的产品依赖于精细的管理流程和团队间的协作。版本控制系统作为软件开发不可或缺的一部分，确保了代码的整洁有序以及开发过程的连贯性。它们如同"时间机器"，让开发人员能够在项目的不同阶段自由穿梭，审视过去的代码，预见未来的变化。在该过程中，每个团队成员扮演着特定的角色，肩负着明确的职责，从产品经理的宏观把控到开发人员的细致编码，从设计师的视觉创造到测试工程师的质量保证，每个角色都是整个产品成功的关键。

4.1.1 版本控制系统

为了提升应用（在本书中，使用"应用"来指代应用软件，指一种特定的计算机软件，旨在为用户提供某种特定的功能或服务）的交付效率，软件开发通常由团队成员并行推进编程任务。多人开发时必须考虑软件开发过程中对程序代码、配置文件及说明文档等文件变更的管理，即需进行版本控制。版本控制能够随着时间的推进记录一系列文件的变化，方便以后随时回退到某个版本，以快速实现应用的灾难恢复。

版本控制系统能够帮助开发团队更好地管理代码和文件的变更历史，这为后续应用发布提供了可追溯的代码基础。应用发布是项目生命周期中的关键动作和重要的里程碑，而应用发布环节往往

是故障高发的环节。为了保障应用发布的顺利进行，开发工程师或系统工程师需要处理许多应用发布环节的临时问题。在版本控制系统的帮助下，开发工程师只需提交自己参与开发的产品代号，系统就会自动为其创建开发分支，且后期会自动进行代码合并；代码开发完成并提交测试后，系统自动将代码部署到测试环境中，启动自动化测试用例进行测试，向相关人员发送测试报告，向系统反馈测试结果；版本控制系统可加载自动化安全检测工具，工具通过对代码进行静态安全扫描及将其部署到安全测试环境中来进行安全攻击测试，评估其安全性；进行自动化部署，将工程代码自动部署到线上生产环境中。

下面介绍常用的版本控制系统 Git。

1. Git 简介

Git 是一个开源的分布式版本控制系统，可以高效地管理开发项目。莱纳斯·托瓦尔兹（Linus Torvalds）在 1991 年创建了开源的 Linux。在 2002 年之前，Linux 内核源码都是通过 diff 的方式发给莱纳斯·托瓦尔兹，由其本人通过手动方式合并的。这种方式效率低下，容易出现错误。2005 年，为了更好地管理 Linux 内核版本演进，莱纳斯·托瓦尔兹使用 C 语言编写了一个分布式版本控制系统，也就是 Git。有了 Git，软件项目可以安全地跟踪代码变更并执行回溯、完整性检查、协同开发等多种操作。目前市面上很多版本控制站点均使用开源 Git 加以实现，如 Gitee、GitHub 等。

2. 安装 Git

在版本控制系统中，代码托管服务允许开发人员和团队将他们的源码存储在支持版本控制的远程服务器上。代码托管服务基于 Git 工具，开发人员在本地环境中需要安装 Git Bash 或 TortoiseGit 等 Git 客户端工具，实现与代码托管服务器的连接。Git 客户端支持在 Windows、Linux、macOS 等操作系统中运行，这里以在 Windows 操作系统中安装 Git 为例进行介绍。

在 Windows 操作系统中安装 Git 时，可以使用 Git 命令进行操作，也可以使用 TortoiseGit 客户端的可视化界面进行操作，还可以使用 Git Bash，Git Bash 是一种更加简洁、高效的客户端。下面介绍安装、打开、配置 Git Bash 客户端的方法。

（1）安装 Git Bash 客户端

打开 Git Bash 官网，根据操作系统的位数选择下载的安装包。

双击运行下载的安装包，在弹出的安装窗口中依次单击"下一步"按钮，最后单击"安装"按钮完成安装。

（2）打开 Git Bash 客户端

单击 Windows 操作系统中的"开始"按钮，在"开始"搜索栏中输入"Git Bash"，按 Enter 键即可打开 Git Bash 客户端，建议将其固定到 Windows 的任务栏中。

（3）配置 Git Bash 客户端

配置用户名和邮箱，在 Git Bash 中输入并执行以下命令，配置用户信息。

```
Git config --global user.name "<用户名>"
Git config --global user.email "<用户邮箱>"
```

3. Git 的工作流程及常用命令

Git 的工作流程和其工作区域密不可分。Git 工作区域指的是 Git 版本控制系统中功能不同的几个区域，如图 4-1 所示。Git 工作区域中的所有文件都可以被 Git 管理，对于每个文件的修改、删除，Git 都能跟踪，以便任何时刻都可以追踪文件历史，或者在将来某个时刻将文件"还原"。

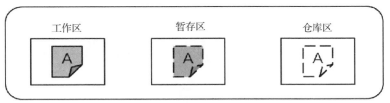

图 4-1　Git 工作区域

Git 的基本工作流程及常用命令如图 4-2 所示。Git 的基本工作流程如下。

① 在工作区中修改文件。

② 暂存文件，将文件的快照放入暂存区。

③ 提交更新，找到暂存区中的文件，将快照永久性地存储到本地仓库（Local Repository）中。

④ 将本地仓库提交到远程仓库（Remote Repository）中，方便协同工作。

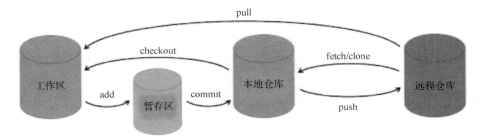

图 4-2　Git 的基本工作流程及常用命令

无论使用何种基于 Git 的版本管理工具，均需了解 Git 常用命令的使用，可以参考 Git 官方教程进行深入学习。下面举例说明 Git 的常用命令。

① fetch/clone：用于从远程仓库复制一个完整的项目（包括所有的历史记录）到本地仓库中。

② push：用于将本地仓库的更改上传到远程仓库中。

③ add：用于将在工作区中修改的文件添加到暂存区中，准备进行提交。

④ commit：用于将暂存区文件提交到本地仓库中。每次提交都会在历史中创建一个快照，并附带一个描述性消息，解释为何进行这次更改。

⑤ checkout：用于切换分支或恢复工作树文件。该命令允许切换到不同的分支或标签，或者还原工作区中的文件，即撤销在工作区中对文件的修改。

⑥ pull：用于从远程仓库获取最新版本的代码并自动尝试合并到当前工作区中。

4. 华为云代码托管

华为云代码托管（CodeHub）是面向软件开发人员的基于 Git 的在线代码托管服务，是具备安全管控、成员/权限管理、分支保护/合并、在线编辑、统计服务等功能的云端代码仓库。华为云代码托管采用 Git 的理由如图 4-3 所示。代码托管作为重要组件集成到华为 HE2E（华为端到端的 DevOps 实施框架）工具链中，旨在解决软件开发人员在跨地域协同、多分支并发、代码版本管理、安全性等方面面临的问题。

使用华为云代码托管后不必自行搭建 Git 仓库，可以通过 Web 浏览器在线阅读、修改、提交代码，随时随地进行开发。图 4-4 所示为利用华为云代码托管在线编辑鲲鹏招聘系统源码示例。需要注意的是，只有本地安装了 Git 客户端后才能使用华为云代码托管服务。

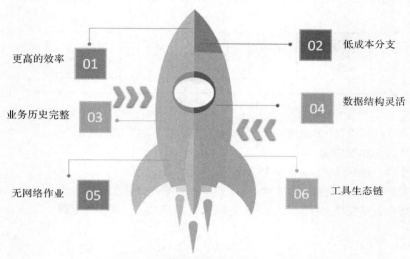

图 4-3　华为云代码托管采用 Git 的理由

图 4-4　利用华为云代码托管在线编辑鲲鹏招聘系统源码示例

5. 分支管理

分支是版本管理工具中常用的一种管理手段，使用分支可以把项目开发中的不同工作彼此隔离开来使其互不影响，在需要发布版本之前再通过分支合并对其进行整合。在代码托管服务 Git 仓库创建之初，都会默认生成一个名为 master 的分支，该分支被视为主开发分支，其中存放的是稳定的、经过测试的代码。

使用合适的分支管理策略，可以加速团队协作和研发效率。例如，工程师 A 可以在一个分支上开发新功能，而其他人可以在另一个分支上修复漏洞。Git 能够实现多个分支之间的独立开发和最终的合并。开发人员可以使用 checkout 命令从 master 分支中新建并拉取一个新的"特性"分支，在该分支开发新的功能，并将其合并（Merge）到 master 分支。特性分支与 master 分支的关系如图 4-5 所示。

master分支

从master分支中新建并拉取
一个新的特性分支

将特性分支合并到master分支

提交文件更改　　提交分支合并请求　　团队提议的更改

图 4-5　特性分支与 master 分支的关系

在华为云代码托管中可以很便捷地进行分支管理，包含新建、切换、合并分支，完成多分支并行开发。新建分支的方法如图 4-6 所示。

图 4-6　新建分支的方法

6. 华为云代码托管的工作模式

华为云代码托管采用 Git-Flow 作为基础工作模式，如图 4-7 所示。Git-Flow 可以用于管理项目的 Git 分支，其提供了一组建议，采纳这些建议可以更好地规范项目团队的开发工作。

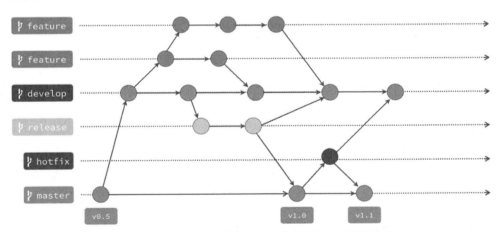

图 4-7　华为云代码托管采用 Git-Flow 作为基础工作模式

各分支的作用介绍如下。

① master 分支：最为稳定，功能比较完整，包含随时可发布的代码。

② hotfix 分支：用于修复线上代码的漏洞。

③ release 分支：用于发布准备的专门分支。

④ develop 分支：用于平时开发的主分支，一直存在，永远是功能最新、最全的分支，包含所有要发布到下一个 release 分支的代码，主要用于合并其他分支。

⑤ feature 分支：用于开发新功能的分支，一旦开发完成并通过测试，将被合并到 develop 分支并进入下一个 release 分支。

需要注意的是，业界存在如下约定俗成的规范。

① 为了保证主分支的稳定性，所有开发人员的个人分支应该从 develop 分支拉取。

② 所有的 hotfix 分支从 master 分支拉取。

③ 所有在 master 分支上的提交都需要有 tag，tag 通常用于标记重要的版本点，以便回滚。

④ 只要是要合并到 master 分支的操作，都需要和 develop 分支合并，以保证同步。

⑤ master 分支和 develop 分支是主要分支，每种类型的主要分支只能同时存在一个，每种类型的派生分支可以同时存在多个。

4.1.2　开发团队角色及职责

第 1 章介绍了敏捷开发流程，在敏捷开发流程中，团队的责任划分根据角色确定，不同角色的职责不尽相同，如图 4-8 所示。

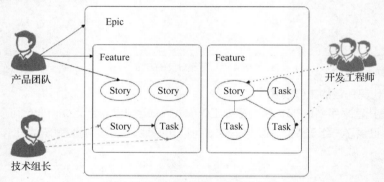

图 4-8　开发团队角色及其职责示意

① 产品团队：负责维护 Epic（项目或功能的高层次、粗略描述）、Feature（系统所需的某个功能或服务）、Story（从最终用户的角度出发，对系统功能的简短描述），应用于产品 Backlog（需求列表）和迭代 Backlog。

② 技术组长：参与项目的技术负责人，通常为架构师、项目负责人等。此角色关注进入迭代的 Story 分配和 Task 拆解、交付优先级、技术及方案层面的任务和对交付的影响。

③ 开发工程师：关注迭代中分配到的 Story 和 Task 的评估、方案及开发交付，并修改对应任务的状态。

4.2　使用 CodeArts 进行开发

鲲鹏招聘系统的前、后端设计及数据库设计已在第 2 章和第 3 章中进行了讨论，本节将具体介绍如何使用 CodeArts 帮助开发团队进行系统的开发工作。

4.2.1　确定开发任务优先级

开发任务优先级管理是为了帮助开发团队确定先满足哪些需求、后满足哪些需求，从而最大化回报、最小化风险或投入。要做好优先级管理或优先级顺序管理，需要做到如下几点。

（1）确定优先级模型：优先级看起来像是一个简单直接的值，但实际上其是基于多种因素根据判断原则进行综合判断之后得出的一个值，这些因素和判断原则就是优先级模型。

（2）排定需求优先级顺序：将需求代入优先级模型进行计算，得到每个需求的优先级顺序。

（3）调整需求优先级顺序：对优先级模型计算得出的优先级顺序进行调整。

（4）改进优先级模型：如果经常发生需要调整需求优先级顺序的情况，那么最好先进行一定的复盘与分析，如有必要，应修正或改进当前的优先级模型，使其可以适应实际情况，避免调整需求优先级顺序的情况反复发生；另外，需求可能已经交付或发布上线，但是该需求的实际用量或价值不符合预期，这种情况下需要思考对需求的分析和判断，分析究竟是判断有误还是优先级模型有误，并进行相应的调整。

4.2.2　制订开发计划

确定好开发任务优先级后，项目经理可在华为云 CodeArts 的项目管理中快速创建并设置项目，主要操作流程如图 4-9 所示。

图 4-9　快速创建并设置项目的主要操作流程

1．创建项目

进入软件开发生产线 CodeArts 平台，根据提示使用已注册的华为云账号登录。单击"立即使用"按钮，进入项目管理服务首页，选择"空白项目"选项，如图 4-10（a）所示，进入"新建项目"界面，在"项目设置模块"下拉列表中选择"Scrum"选项，其他参数设置如图 4-10（b）所示。

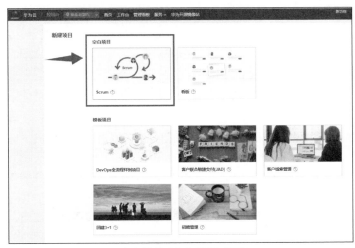

（a）选择"空白项目"选项

图 4-10　创建项目

（b）其他参数设置

图 4-10　创建项目（续）

单击"确定"按钮，即可完成项目的创建，此时默认进入项目的工作项列表界面，如图 4-11 所示。

图 4-11　工作项列表界面

2. 邀请成员

项目创建完成后，需要邀请成员加入项目。项目经理可以直接添加成员，也可以通过二维码或超链接邀请成员加入。

（1）直接添加成员：在项目详情界面中选择工具栏中的"设置"→"通用设置"→"成员管理"→"添加成员"选项。

（2）邀请成员加入：在"成员管理"标签页中单击"通过链接邀请"按钮，获取邀请二维码和超链接。

3. 项目设置

项目设置主要包括工作项模板、工作流和权限设置。在项目详情界面中，选择工具栏中的"设置"→"项目设置"选项,默认进入"工作项模板"设置界面,如图 4-12 所示。

图 4-12 "工作项模板"设置界面

在此界面中可以对项目中的工作项模板、工作流和权限进行调整,使其更符合项目的真实需求。

4. 设置迭代计划

迭代功能用于进行版本管理,在项目中新建迭代,匹配版本发布计划时间点后,便可对版本计划进行跟踪管理。在迭代详情界面中可以创建该迭代下的工作项。在需求规划中,可以集中管理所有工作项(Epic、Feature、Story 和 Task 等)。

(1)在项目详情界面中,选择工具栏中的"工作"→"需求规划"选项。第 2 章中介绍了需求规划和业务模块拆分的方法,在此处按照业务模块拆分新建工作项,如图 4-13 所示。

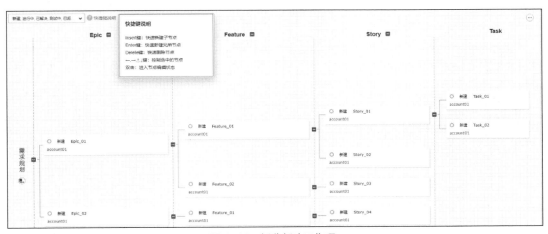

图 4-13 拆分新建工作项

(2)选择工具栏中的"工作"→"工作项"选项,单击工作项名称,即可编辑工作项。设计需求规划图时,只添加了工作项的标题。完成需求规划图的设计后,需要修改 Story 详情,包括描述信息、基本信息等,如图 4-14 所示。完成修改后,单击该界面右上角的"保存"按钮。

图 4-14　修改 Story 详情

（3）选择工具栏中的"工作"→"迭代"选项，进入创建迭代界面，默认显示"最近的"迭代，"更远的"和"更早的"迭代默认隐藏。选择左侧导航栏中的"创建迭代"选项可创建新的迭代，如图 4-15 所示。

图 4-15　创建迭代界面

（4）创建好迭代后，根据项目版本计划进行迭代规划。选择"更远的"选项以展示迭代，选择该界面左上角的"未规划工作项"选项，可以显示所有已经编辑好的工作项列表，如图 4-16 所示。

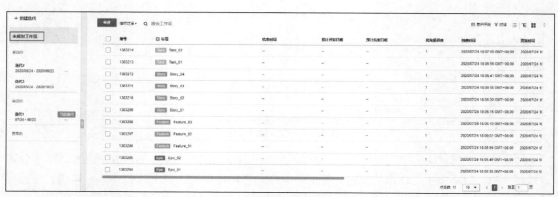

图 4-16　所有已经编辑好的工作项列表

选中工作项，将其拖动到导航栏的指定迭代中或直接修改工作项的迭代即可。

5．设置常用统计报表

统计报表提供项目成员的 Story 统计、预计工时统计、迭代燃尽图、不同维度的缺陷统计等丰富的内置报表，同时支持通过报表自定义、灵活定制团队专属统计报表。

（1）在项目详情界面选择工具栏中的"工作"→"统计"选项，进入统计界面，如图 4-17 所示。

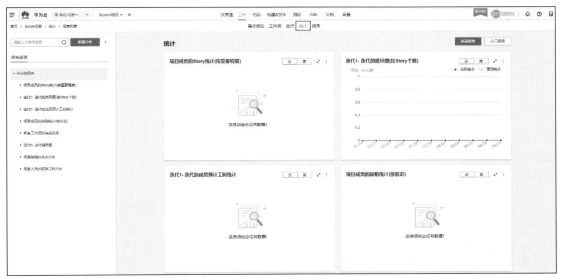

图 4-17　统计界面

（2）单击"新建报表"按钮，选择报表类型，如图 4-18 所示。默认为"自定义报表"类型，这里以自定义报表为例进行介绍。

图 4-18　选择报表类型

（3）选择"自定义报表"类型后，开始设置报表名称，并进行数据设置和数据筛选，即根据实际需要自定义常见统计报表，如图 4-19 所示。

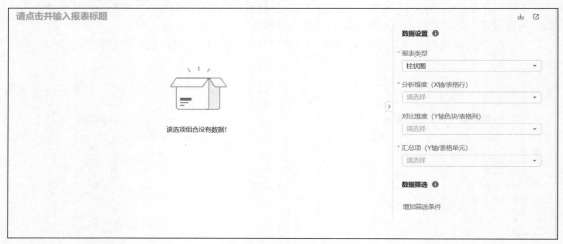

图 4-19　自定义常见统计报表

（4）单击"保存"按钮，完成报表的创建。创建完成的报表显示在统计界面左侧导航栏的"所有报表"中，单击报表名称可以查看统计报表的相应信息。

4.2.3　开发人员工作流程

开发人员使用 Scrum 的项目开发流程如图 4-20 所示。

图 4-20　开发人员使用 Scrum 的项目开发流程

1. 接受邀请

开发人员首次使用项目时，需要接受项目经理的邀请，可根据项目经理提供的二维码或超链接接受邀请并进入项目。

使用二维码接受邀请的流程如下：开发人员扫描二维码后，根据提示选择"IAM 用户登录"，输入项目经理已创建好的 IAM 用户账号进行登录（如已登录，则忽略此步）。进入界面接受邀请后，项目经理会收到审核提醒并进行审核。

2. 进入项目

审核通过后，开发人员进入项目管理首页，在左侧选择"所有项目"选项，通过右上角的搜索框查找项目，在查找结果中单击项目名称，即可进入工作项列表界面，默认显示"全部"工作项列表，如图 4-21 所示。

3. 处理工作

在工作项列表界面中，单击"Backlog"按钮，显示需要处理的工作项。利用"临时过滤"下拉列表可以筛选出"我的工作项"，建议根据任务的"优先级""重要程度""迭代"进行工作项的处理。如果该界面中默认没有显示这些字段信息，则可单击"显示字段"按钮，在"设置列表显示字段"

窗口中选中"优先级""重要程度""迭代"复选框并单击"确定"按钮。其他显示字段可以根据用户自己的需要进行设置。设置后的工作项列表界面如图 4-22 所示。

图 4-21 "全部"工作项列表

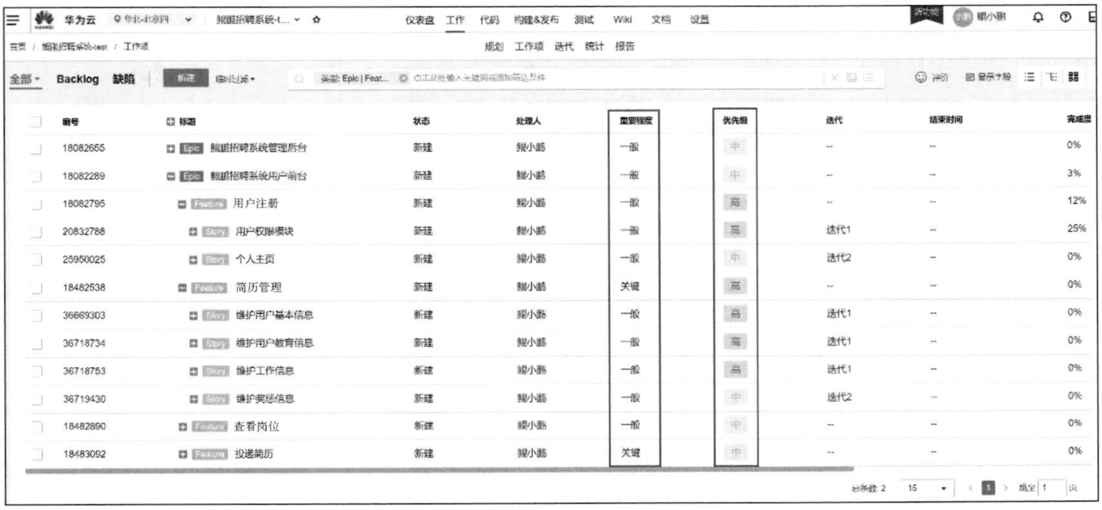

图 4-22 设置后的工作项列表界面

选中要处理的工作项名称，进入工作项详情界面。修改工作项信息，如状态、处理人、预计结束日期、预计工时等，如图 4-23 所示。

图 4-23　修改工作项信息

信息修改完成后，单击该界面右上角的"保存"按钮。

每日站立会议（Daily Scrum）是敏捷开发中的一个重要活动，会议通常在工作日的固定时间进行，在较短时间（如 10 人团队一般为 15～30min）的站立会议中，团队成员可以分享工作进度、遇到的问题和计划的下一步行动，以便促进协作，及早暴露风险，保障项目的正常进行。CodeArts 的 Wiki 模块中预置了华为每日站立会议的模板，如图 4-24 所示。

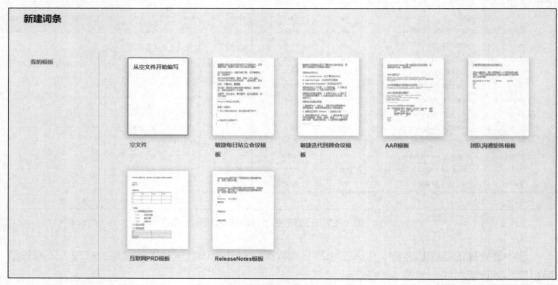

图 4-24　华为每日站立会议的模板

站立会议的纪要模板如下。

我是 <成员 A>

（1）自上次站立会议来，我为团队做了如下工作：

…

…

（2）我今天计划做如下工作：

…

…

（3）阻碍高效完成工作的困难和障碍如下：

…

…

（4）（可选）我感谢<成员> 给予的帮助：

…

…

（5）（可选）我昨天学到了×××，可以给大家简单分享一下：

…

…

待跟踪的事务：

明确待跟踪内容、责任人和约定的闭环时间。

4.2.4 管理项目进展

在敏捷开发团队中，项目经理是参与项目度量和统计的人员，当项目迭代工作完成后，其可以通过仪表盘、报表等对项目进行回顾和总结等。项目经理管理项目进展的流程如图 4-25 所示。

图 4-25 项目经理管理项目进展的流程

1. 使用仪表盘

使用仪表盘可以实现项目的可视化管理。仪表盘支持基于数据的迭代回顾，包括需求、缺陷、路标日历、进度、燃尽图、团队成员等，还支持自定义报表卡片。使用仪表盘管理项目进展示例如图 4-26 所示。通过仪表盘可以直观地了解工作动态、迭代的质量、工作进度、工作量，并基于真实数据进行改进。

单击图 4-26 右上角的"设计布局"按钮，可以添加自定义报表卡片，深入了解项目情况。自定义报表卡片包括任务、工作完成度、个人工时、吞吐量、工作饱和度、项目漏洞统计和项目 Story 统计等。

2. 使用统计报表

统计报表与仪表盘的作用相同。统计报表的模板有系统预置推荐报表和自定义报表两种。

（1）系统预置推荐报表即系统默认的模板类型，包含总览、工时、工作项分布、迭代等，可根据实际情况进行选择。

（2）自定义报表可以统计缺陷的数量、处理人情况等。

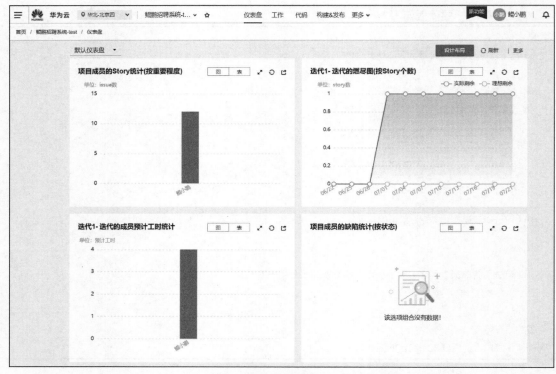

图 4-26　使用仪表盘管理项目进展示例

进入项目详情界面，选择"工作"→"统计"选项，如图 4-27 所示，进入统计报表界面。

图 4-27　选择"工作"→"统计"选项

选择"所有报表"列表框中的不同报表，可以查看不同维度的报表统计数据。

3. 使用迭代回顾会议模板复盘

通过迭代回顾会议，可记录会议要点，回顾全员的工作产出及优缺点，寻找改进措施，以更好地进行总结与改进。CodeArts 中预置的华为迭代回顾会议模板如表 4-1 所示。

表 4-1　CodeArts 中预置的华为迭代回顾会议模板

项目	内容
目标	原先期望发生什么
结果	实际发生了什么
原因	为什么会产生差异；如果结果的产生过程比较漫长，则需要通过分析过程来分解结果出现的原因；可采用 5 why 分析法分析根本原因

续表

项目	内容
措施	下次应该怎么做；措施是否可落地；满足 SMART 原则——Specific（具体）、Measurable（可度量）、Attainable（可实现）、Relevant（相关性）、Time-bound（有时间限制且措施数量要少）
待跟踪解决的遗留问题	明确待跟踪问题、责任人和约定的闭环时间

完成模板设置后，单击"发布"按钮。在左侧导航栏的"所有 Wiki"列表框中会显示已创建的 Wiki，单击某个 Wiki 的名称即可迭代回顾会议详情。

4．上传项目过程文档

使用文档托管功能，可以将每个迭代的项目文档、总结文档、经验文档等上传到云端。进入项目详情界面，选择"文档"选项，单击"上传"按钮，上传项目过程文档，如图 4-28 所示。

图 4-28　上传项目过程文档

已上传的文档会显示在"上传文档"列表框中，项目成员可以在线浏览、评论和下载这些文档，通过总结自我沉淀。

4.3　开发项目代码

在前后端分离的架构下，当用户通过客户端向服务端发起请求时，服务器对请求进行响应的典型步骤如下。

（1）服务器对客户端发来的请求（Request）进行解析，验证用户合法性。

（2）请求被转发给预定义的处理器（Handler）。

（3）处理器可能会从数据库中取出数据。

（4）处理器根据取出的数据对模板（Template）进行渲染，或者返回 JSON 数据、XML 数据。

（5）处理器向客户端返回渲染后的内容或者数据作为对请求的响应（Response）。

本节将按照服务器对请求的响应顺序介绍如何构建服务端的业务模块，并以案例示范如何使用 Python 语言和 Tornado 框架实现业务接口的开发。

4.3.1　安装 Tornado

Tornado 可使用 Python 的包管理工具 pip 进行安装，也可使用源码进行安装。使用源码安装包含案例应用，使用 pip（此处 pip 为对应 Python 3 的版本）安装不包含案例应用。

1. 使用 pip 安装

使用 pip 安装 Tornado 的代码如下。

```
pip install tornado
```

2. 使用源码安装

可以手动下载 Tornado 的源码包，并通过以下步骤进行安装。

（1）下载对应源码包。

（2）使用 tar 命令解压该源码包。

（3）进入解压后的源码包，执行 python setup.py build 命令。

（4）执行 python setup.py install 命令进行 Tornado 的安装。

除此之外，因为在 Python 2.6 以上版本的标准库中已增加对 Tornado 底层异步所用 epoll 的支持，所以下载源码后将 Tornado 的目录添加到 PYTHONPATH 中也可直接使用 Tornado。

4.3.2 项目代码结构

典型的 Tornado 应用包含以下部分。

1. main() 方法

Tornado 自带 HTTP 服务器（也称 Web 服务器），开发时编写 main() 方法即可，即运行 main() 方法时会启动 Tornado 自带的服务器。

【例 4-1】启动 HTTP 服务器的代码如下。

```
1.    import tornado
2.    import os
3.    import time
4.
5.    from tornado import web,httpserver
6.    from tornado.options import define, options
7.
8.    def main():
9.        """
10.       应用程序入口
11.       :return:
12.       """
13.       tornado.options.parse_command_line()
14.       http_server = tornado.httpserver.HTTPServer(Application(),
              xheaders=True)
15.       http_server.listen(9999)
16.       tornado.ioloop.IOLoop.instance().start()
17.
18.   if __name__ == '__main__':
19.       main()
```

以上是启动 HTTP 服务器的精简版代码，代码解释如下。

第 1～6 行：引入包以及包中的模块。

第 8～16 行：定义 main() 方法。

第 13 行：定义在 main() 方法中解析命令行的参数。

第 14 行：创建一个非阻塞、单线程的 HTTPServer，使其承担服务端的职责。Application() 作为 request_callback 参数传入 HTTPServer() 并进行初始化。

第 15 行：调用 HTTPServer 的 listen() 函数初始化单进程，设定 Web 服务启用的端口号为 9999。

第 16 行：启动套接字的 I/O 循环，响应客户端发送过来的 HTTP 请求，或者接收通过其他协议发送至服务端的消息。

第 18、19 行：程序的主入口，调用 main() 方法，创建 HTTP 服务器的启动入口。

2. Application 类的定义

Application 是 tornado.web 包中的类，用于定义 Web 应用程序 Handler 的路由集合。简单来讲，Application 类用于实现 HTTP 请求统一资源标识符（Uniform Resource Identifier，URI）与业务接口的映射。

【例 4-2】Application 类定义代码如下。

```
1.    class Application(tornado.web.Application):
2.      def __init__(self):
3.        handlers = [
4.            (r"/check", HeartBeatCheck),
5.        ]
6.        settings =dict(
7.            template_path=os.path.join(os.path.dirname(__file__), "templates"),
8.            static_path=os.path.join(os.path.dirname(os.path.dirname(__file__)),
              "static"),
9.            xsrf_cookies=True,
10.        cookie_secret="18oETzKXQAGaYdkL5gEmGEZRCHXFuYh7ENnpTXdTP1o/Vo=",
11.           login_url="/login",
12.           autoescape=None,
13.        )
14.        super(Application, self).__init__(handlers, **settings)
```

本例定义的 Application 类继承自 tornado.web.Application。当启动的 HTTPServer 接收到请求时，会遍历定义的 handlers 列表。代码解释如下。

第 2 行：编写初始化 Application 实例的 __init__() 方法，代码中的 self 代表当前 Application 实例。

第 3～5 行：定义 URI 与请求处理接口的映射关系列表。

第 6～13 行：定义包含其他关键配置参数的 settings 字典，如静态路径的设定、安全设置和用户权限设置。

第 9 行：设置 xsrf_cookies 为 True，表示启用跨域攻击防护。开启后，服务端会设置一个名为 _xsrf 的 cookie，且在所有的 post 请求中增加一个非 cookie 字段保存 _xsrf 值。如果 cookie 和请求体中的 _xsrf 值不一致，则表示该请求为伪造的。在 Tornado 中，前端可通过表单传输 _xsrf，也可在 HTTP 请求头中定义 X-Xsrftoken 或 X-Csrftoken 传输 _xsrf。跨域攻击的原理如图 4-29 所示。

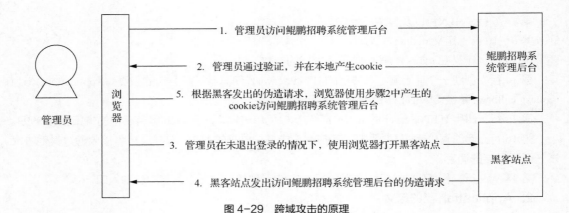

图 4-29　跨域攻击的原理

第 10 行：定义 cookie_secret 变量。该变量用于 RequestHandler.get_secure_cookie()和 Request.set_secure_cookie()的签名。get_secure_cookie()方法的作用为：如果给定的签名对应的 cookie 有效，则返回 cookie；如果失效，则不返回 cookie。set_secure_cookie()会使用签名和时间戳标记一个 cookie，以防被伪造。这两个方法都需要在 Application 中定义了 cookie_secret 变量之后才可使用。

【例 4-3】get_secure_cookie()的使用代码如下。

```
1.   def get_current_user(self):
2.       """
3.       获取当前用户信息
4.       若 cookie 中的 user_id 有效，则根据 cookie 中的 user_id 检索数据库中对应的管理员信息
5.       若 cookie 中的 user_id 失效，则直接返回 None 值
6.       :return:  user 表中的管理员信息
7.       """
8.       user_id = self.get_secure_cookie("user")
9.       if not user_id: return None
10.      return self.db.get("SELECT * FROM user WHERE user = %s", user_id)
```

需要注意的是，当前已经通过认证的管理员，即已经完成 set_secure_cookie 的管理员在每个请求处理函数中都可以通过 self.current_user 得到 user_id，在每个模板中都可以使用 current_user 获得 user_id。默认情况下，current_user 是 None。

3. 业务处理 Handler 类的定义

Handler 是响应实际请求并进行处理的主体，Application 中定义了 URI 和 Handler 映射，如例 4-2 Application 类定义代码的第 3～5 行，每个 Handler 完成其特定的任务。

自定义的 Handler 类都是继承自 tornado.web.RequestHandler 的子类。实现继承关系非常简单，在定义类的括号中写明继承的父类即可。

【例 4-4】定义 Handler 类的代码如下。

```
1.   class HeartBeatCheck(tornado.web.RequestHandler):
2.       def get(self):
3.           """
4.           心跳检测接口
```

```
5.        :return: JSON 格式的 result, 包含字段 code (保存状态码) 和 info (保存具体信息)
6.        """
7.        result = {
8.            'code':0,  #0 表示正常, 9 表示异常
9.            'info':'Application is running'
10.       }
11.       self.write(json.dumps(result))
```

代码解释如下。

第 1 行: 定义心跳检测的处理类,该类继承自 tornado.web.RequestHandler。

第 2 行: 响应并处理 HTTP 的 get()方法。

第 7~10 行: 定义字典类型的返回参数 result。

第 11 行: 使用 RequestHandler 中的 write()方法,将字符串、字节数据转化为 JSON 格式的字典并返回给前端调用者。

RequestHandler 的主入口是符合 RESTful 接口定义的 HTTP 方法,如 get()、post()、put()等。另外,RequestHandler 中包含很多可以在子类中重写的方法,如例 4-3 中 get_secure_cookie()中复写的 get_current_user()方法。通常,软件工程师会定义一个通用的 BaseHandler,将常用的方法重写于此,真正映射 URI 的 Handler 类继承 BaseHandler 即可。Handler 继承关系如图 4-30 所示。

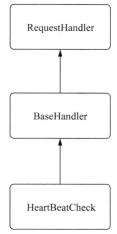

图 4-30　Handler 继承关系

鲲鹏招聘系统按照图 4-30 所示的方式,将 BaseHandler 单独定义,其余子类 Handler 继承于 BaseHandler 类。BaseHandler 类中可以包含很多通用的功能。在本书案例中,BaseHandler 类包含以下方法。

(1) 获取数据库连接实例的方法。

(2) 实现日期与字符串之间相互转换的方法。

(3) 获取用户信息的相关方法,包含根据邮箱查询、从 cookie 中获取等。

(4) 重写的 write_error()方法,根据不同 HTTP 的错误码(如 404、500 等)跳转到对应界面。

至此,一个包含全部所需组成部分的服务器站台模块就设计完成了。

4.4 应用构建

本书项目中应用了 Tornado 框架，开始时只是单进程进行 Tornado 案例开发，但是在高并发的情况下，单进程无法满足上千的连接请求。Nginx 是人们熟知的反向代理服务器，其可以支持上万的平行连接，在与 PHP、Python 集成后可以应用在大规模的集群上。Nginx 也可以用作负载均衡器，以减小单点服务器的压力。

4.4.1 使用 Supervisor 管理用户前台进程

Supervisor 是一个客户端/服务端（Client/Server，C/S）系统，允许用户监控和管理类 UNIX 操作系统中的一系列进程。Supervisor 利用操作系统的 fork 和 exec 机制，将用户托管的进程作为 Supervisor 的子进程启动。Supervisor 可以自定义配置，在子进程崩溃时自动重启它们。同时，当 Supervisor 自身重启时，其会自动加载配置并重启所有监管的应用进程。另外，Supervisor 可以对监管的进程进行分组管理，并以进程组为管理单元进行统一管理。例如，对于鲲鹏招聘系统用户前台 hire 进程组和管理后台 admin 进程组，当用户前台有迭代需要更新上线时，Supervisor 可单独对 hire 进程组进行操作，而无须对 admin 进程组进行操作，即进程组之间的操作互不影响。

Supervisor 的服务端进程是 supervisord，其在 Supervisor 启动后用来接收客户端命令，管理子进程，处理子进程生命周期内的"事件"，记录子进程日志。supervisord 进程的配置文件是 supervisord.conf，通常无须用户手动编写，可以通过自带命令生成该配置文件。

supervisorctl 是 Supervisor 的命令行客户端，负责连接到服务端进程，获取 supervisord 管控的子进程的相关信息。

4.4.2 安装 Supervisor

Supervisor 是用 Python 开发的进程管理工具，所以可以直接使用 Python 的包管理工具 pip 进行安装。

先创建 Supervisor 的安装目录/etc/supervisor，再在该目录下进行 supervisor 的安装。

```
mkdir /etc/supervisor
cd /etc/supervisor
pip install supervisor   #在/etc/supervisor 下进行 supervisor 的安装
```

如果操作系统中没有安装 pip 包管理工具，则可以下载 Supervisor 源码，使用源码安装，具体步骤如下。

（1）下载 Supervisor 源码。

（2）解压源码，进入 Supervisor 源码所在的文件夹。

（3）执行 python setup.py 命令。

4.4.3 创建和管理配置文件

Supervisor 安装后，执行自带命令 echo_supervisord_conf，会自动生成 supervisord 配置文件。

```
echo_supervisord_conf > /etc/supervisord/supervisord.conf
```

管理应用进程的自定义配置文件可以放在/etc/supervisor/conf.d 中。鲲鹏招聘系统的应用进程分为 hire 进程和 admin 进程，故可以在/etc/supervisor/conf.d 中创建两个配置文件，分别对应这两个应用进程，如图 4-31 所示。

```
[root@ecs-kunpeng-hire ~]# cd /etc/supervisor/conf.d/
[root@ecs-kunpeng-hire conf.d]# ls -l
total 8
-rw------- 1 root root 464 Jul 29 13:21 admin.conf
-rw------- 1 root root 453 Jul 28 14:42 hire.conf
[root@ecs-kunpeng-hire conf.d]#
```

图 4-31　管理应用进程的自定义配置文件

【例 4-5】向 hire 进程的配置文件添加如下代码。

```
1.   [group:hire]
2.   programs=hire-8081,hire-8082
3.
4.   [program:hire-8081]
5.   command=python3 /home/hire/hire/main.py --port=8081
6.   directory=/home/hire/hire
7.   user=root
8.   autorestart=true
9.   redirect_stderr=true
10.  stdout_logfile=/home/hire/log/hire-8081.log
11.  loglevel=info
12.
13.  [program:hire-8082]
14.  command=python3 /home/hire/hire/main.py --port=8082
15.  directory=/home/hire/hire
16.  user=root
17.  autorestart=true
18.  redirect_stderr=true
19.  stdout_logfile=/home/hire/log/hire-8082.log
20.  loglevel=info
```

代码解释如下。

第 1、2 行：定义进程组信息。

第 4～11 行：定义运行在 8081 端口上的用户前台 hire 进程的配置信息。

第 5 行：定义托管给 supervisord 进程的用户前台 hire 进程的启动命令。

第 6 行：指定项目所在目录。

第 7 行：指定启动 hire 进程的用户。

第 8 行：判断是否自动重启。

第 9 行：把 stderr 重定向到 stdout 标准输出。

第 10 行：定义标准输出日志路径。该目录需提前创建，如未创建，则启动进程时会提示该路

73

径不存在。

第 11 行：定义日志级别为 info。

第 13～20 行：定义运行在 8082 端口上的用户前台 hire 进程的配置信息。

【例 4-6】配置好用户前台 hire 进程的配置文件后，可以按照同样的步骤创建 admin 进程的配置文件，具体代码如下。

```
1.   [group:admin]
2.   programs=admin-8083,admin-8084
3.
4.   [program:admin-8083]
5.   command=python3 /home/hire/admin/main.py --port=8083
6.   directory=/home/hire/admin
7.   user=root
8.   autorestart=true
9.   redirect_stderr=true
10.  stdout_logfile=/home/hire/log/admin-8083.log
11.  loglevel=info
12.
13.  [program:admin-8084]
14.  command=python3 /home/hire/admin/main.py --port=8084
15.  directory=/home/hire/admin
16.  user=root
17.  autorestart=true
18.  redirect_stderr=true
19.  stdout_logfile=/home/hire/log/admin-8084.log
20.  loglevel=info
```

supervisord 进程的运行配置文件是/etc/supervisor/supervisord.conf，该文件即为主配置文件，需要把自定义的配置文件加载到主配置文件中。[include]标签在 supervisord.conf 的尾部，可以使用 tail –f 命令查看原始内容，并使用 vi 命令对配置文件进行修改，修改后的内容如图 4-32 所示。

```
[root@ecs-kunpeng-hire ~]# tail -f /etc/supervisor/supervisord.conf
;priority=999                    ; the relative start priority (default 999)

; The [include] section can just contain the "files" setting.  This
; setting can list multiple files (separated by whitespace or
; newlines).  It can also contain wildcards.  The filenames are
; interpreted as relative to this file.  Included files *cannot*
; include files themselves.

[include]
files = /etc/supervisor/conf.d/*.conf
```

图 4-32　修改后的内容

4.4.4　运行 Supervisor

创建好 /etc/supervisor/conf.d 下管理应用进程的配置文件并修改好主配置文件 /etc/supervisor/supervisord.conf 后，可以启动 Supervisor 服务和其管理的子进程，命令及输出结果如图 4-33 所示。

```
[root@ecs-kunpeng-hire ~]# supervisord -c /etc/supervisor/supervisord.conf
[root@ecs-kunpeng-hire ~]# supervisorctl status
admin:admin-8083                 RUNNING    pid 15708, uptime 0:00:11
admin:admin-8084                 RUNNING    pid 15709, uptime 0:00:11
hire:hire-8081                   RUNNING    pid 15710, uptime 0:00:11
hire:hire-8082                   RUNNING    pid 15711, uptime 0:00:11
[root@ecs-kunpeng-hire ~]#
```

图 4-33　命令及输出结果

supervisord 还有很多命令行选项，官网有与之相关的详细介绍，有兴趣的读者可自行查阅。supervisorctl 常用命令如表 4-2 所示。

表 4-2　supervisorctl 常用命令

命令	作用
supervisorctl update	更新加载配置文件，重启更新部分应用
supervisorctl reload	重启 supervisord 进程
supervisorctl restart hire:	重启 hire 进程组，admin 进程组不受影响
supervisorctl restart hire-8081	重启配置文件中定义的应用进程 hire-8081，其余进程不受影响
supervisorctl stop all	停止全部进程，停止后的进程使用 reload 或 update 命令不会自动重启，需要使用 restart 或 start 命令启动
supervisorctl stop admin-8083	停止配置文件中定义的应用进程 admin-8083，其余进程不受影响

运行 Supervisor 的启动命令后，应用进程就正常启动了，可以使用命令 ps –ef | grep python 查看应用进程运行情况，如图 4-34 所示。

```
[root@ecs-kunpeng-hire ~]# ps -ef | grep python
root      1005      1  0 13:46 ?        00:00:00 /usr/bin/python3 -Es /usr/sbin/tuned -l -P
root     15695      1  0 16:01 ?        00:00:00 /usr/bin/python3 /usr/local/bin/supervisord -c /etc/
supervisor/supervisord.conf
root     15708  15695  0 16:01 ?        00:00:00 python3 /home/hire/admin/main.py --port=8083
root     15709  15695  0 16:01 ?        00:00:00 python3 /home/hire/admin/main.py --port=8084
root     15710  15695  0 16:01 ?        00:00:00 python3 /home/hire/hire/main.py --port=8081
root     15711  15695  0 16:01 ?        00:00:00 python3 /home/hire/hire/main.py --port=8082
root     17565  17245  0 16:47 pts/0    00:00:00 grep --color=auto python
[root@ecs-kunpeng-hire ~]#
```

图 4-34　查看应用进程运行情况

4.5　功能测试

功能测试是对编写完成的应用代码进行功能性验证的过程，是软件测试工作中的一种。功能测试不关注性能或资源利用率等因素，仅关注业务实现的正确性。

敏捷测试（Agile Testing）是一种软件测试方法，旨在与敏捷开发方法相结合，以支持快速和灵活的软件交付。敏捷测试强调测试团队与开发团队之间的协作和交流，以确保软件质量和项目目标的实现。

敏捷测试的核心原则如下。

（1）增量式测试：测试活动与开发活动并行进行，通过持续反馈和验证来逐步构建及改进软件。

（2）自组织团队：测试团队与开发团队合作，共同决定测试策略、优先级和方法。

（3）及早测试：尽早开始测试活动，以便快速发现和纠正潜在的问题。

（4）持续集成和自动化测试：使用自动化工具和技术支持持续集成及自动化测试，以便频繁地、快速地执行测试。

（5）面向用户：测试活动关注软件交付给用户时的价值和质量，以满足用户需求和期望。

敏捷测试还强调灵活性和快速响应变化。测试团队需要适应需求变更、优先级调整和项目进展的变化，并及时调整测试计划和方法。敏捷测试通常使用迭代和增量开发模型，如 Scrum 或 Kanban。测试团队与开发团队紧密合作，在每个迭代中执行测试、收集反馈，并根据需求和优先级进行调整。这种协作和迭代的方法有助于提高软件质量，减少缺陷，并促进团队之间的有效沟通和合作。在敏捷转型过程中，敏捷测试存在以下挑战。

（1）面对变更频繁的需求，测试人员需要灵活应对变化，及时调整测试计划和方法。

（2）测试时间紧张，敏捷开发要求快速交付，测试时间可能受限，因此需要使用高效的测试方法和工具，并做好优先级的权衡。

（3）并行与迭代是敏捷模式的核心，因此敏捷测试要求测试团队与开发团队紧密协作，两个团队间需要建立良好的沟通渠道，并拥有团队精神。

（4）敏捷测试离不开自动化的测试与维护工具，但是自动化测试用例的维护可能具有一定的复杂性并带来一定的挑战，因此需要制订合理的维护计划和策略。

测试计划 CodeArts TestPlan 是基于 CodeArts 的一站式测试管理平台，融入了 DevOps 敏捷测试理念，覆盖测试计划、测试设计、测试用例、测试执行和测试评估等。CodeArts TestPlan 的主要流程如图 4-35 所示。

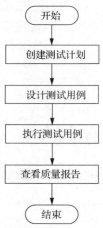

图 4-35　CodeArts TestPlan 的主要流程

（1）创建测试计划：测试计划用于明确测试范围、计划周期等。

（2）设计测试用例：根据测试计划分析测试对象、测试场景、测试类型、测试环境等，创建测试用例。

（3）执行测试用例：根据测试用例，检查被测对象是否符合预期，并记录测试结果。

（4）查看质量报告：通过质量报告可以了解测试计划的执行情况，如用例通过率、缺陷数等。

4.6 本章练习

1. 结合第 2 章创建的 Task，将其分配给相应的开发团队成员。

2. 在华为云 CodeHub 中创建项目，并创建 master 分支和开发测试使用的 dev 分支。

3. 根据以下伪代码完成在 BaseHandler 中重写 write_error() 方法的编程任务。

```
def write_error(self, status_code, 其他参数):
 if 404:
     返回 404 对应信息："界面未找到"
 if 500:
     返回 500 对应信息："程序出错了"
```

第5章
应用开发

05

学习目标

- 了解应用开发流程。
- 了解鲲鹏招聘系统用户前台和管理后台相关功能的设计与代码实现。

客户端和服务端之间的任务关系为：客户端发送请求，服务端接收请求后进行解析，提取参数、方法的信息，通过操作数据库完成相关的业务流程，最终向客户端返回响应信息。在 Web 系统开发中，"客户端"和"服务端"也经常被表述为"前端"和"后端"。鲲鹏招聘系统分为用户前台和管理后台两个应用，每个应用都会通过客户端和服务端代码实现系统功能。

第 2 章完成了鲲鹏招聘系统的需求分析，即确定了客户端的业务逻辑；第 3 章完成了鲲鹏招聘系统的数据库设计，明确了业务表之间的关系；第 4 章介绍了系统的开发构建流程，明确了开发应用系统的整体框架。本章将以具体案例介绍鲲鹏招聘系统用户前台和管理后台的功能及代码实现。

5.1 鲲鹏招聘系统用户前台开发

候选人在使用招聘系统时主要使用的是招聘系统的前台。从应用开发的角度看，鲲鹏招聘系统用户前台的接口模块拆分如图 5-1 所示。

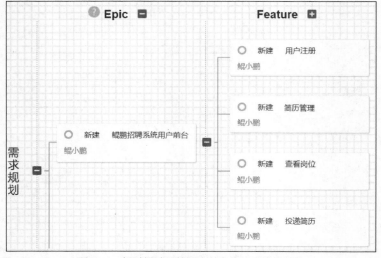

图 5-1　鲲鹏招聘系统用户前台的接口模块拆分

根据图 5-1 可以将用户前台 hire 的代码拆分为 4 个文件，分别对应用户注册模块、简历管理模块、查看岗位模块和投递简历模块。接口模块与 handlers 代码文件的对应关系如表 5-1 所示。

表 5-1　接口模块与 handlers 代码文件的对应关系

接口模块	代码文件
用户注册	user.py
简历管理	person.py
查看岗位	home.py
投递简历	resume.py

除此之外，第 4 章中介绍的 BaseHandler 是用于定义父类公共方法的类，使用 base.py 文件保存。一些为了满足特殊用户需求的方法，如安全、邮件发送等相关方法，可以定义在 utils 目录下的文件中。鲲鹏招聘系统用户前台项目代码目录结构如图 5-2 所示。

图 5-2　鲲鹏招聘系统用户前台项目代码目录结构

接下来详细介绍鲲鹏招聘系统用户前台的主要功能，即用户注册、用户登录和注销、简历管理、投递简历和查看简历投递情况等的开发流程与实现方法。

5.1.1　用户注册

用户（即候选人）如果要创建简历和投递简历，则需要完成的第一步操作通常是注册。本小节介绍如何实现用户注册功能，先梳理用户注册的流程，具体如下。

（1）用户注册所需要填写的信息包括用户名和密码，其中用户名要求唯一，这里使用邮箱作为用户名，密码需要符合复杂度要求。

（2）服务端应用检查数据库，对用户提交的注册信息进行验证。

（3）如果根据用户名在数据库中未查询到相关信息，那么将数据写入定义的 user 表中，返回注册成功信息；如果查询到了相关信息，则表示该用户名已存在，提示用户为已注册用户，进入登录界面。

用户注册功能的业务流程如图 5-3 所示。

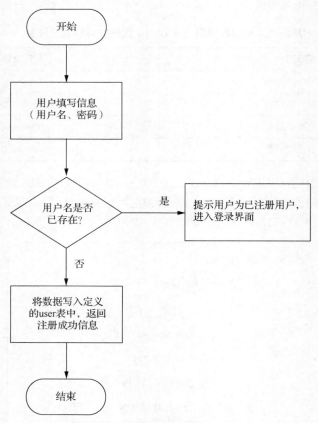

图 5-3　用户注册功能的业务流程

根据图 5-3 进行设计，在用户前台呈现给用户的注册界面如图 5-4 所示。

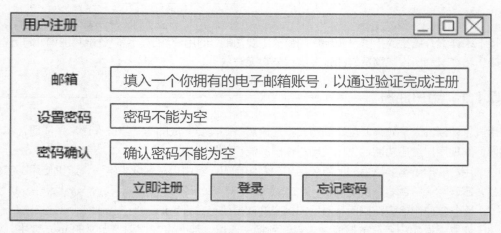

图 5-4　在用户前台呈现给用户的注册界面

结合图 5-4 所示的用户注册界面，使用 HTML 创建表单代码。但是，仅有表单代码无法实现业务功能，实现客户端与服务端之间交互的是 JavaScript 代码，也称前端代码，本书不对前端代码的实现展开介绍。初学者可以先通过伪代码实现服务端的代码编写。在团队协作过程中，伪代码是一种通过自然语言表述算法逻辑的方法，其能帮助使用不同编程语言的开发人员快速理解算法逻辑要求，以及了解业务流程之外的细节信息。

【例 5-1】用户注册接口的伪代码如下。

```
class UserRegister(tornado.web.RequestHandler):
  def post(self):
     定义返回字段结构 result = {code:状态码,info:返回信息}
     从请求体中获取传入参数，包括邮箱账号、密码
     if 邮箱账号已存在:
     return "用户邮箱已注册，请使用邮箱登录"
     else:
        将数据插入 user 表，写入邮箱、密码、状态等字段
        将数据插入 token 表，管理用户的 token 信息
        使用 set_secure_cookie()设置安全 cookie
        生成激活账号的超链接 confirm_url
        定义激活邮件内容 content
        定义激活邮件标题 subject
        异步发送邮件
        return result
```

由于伪代码并不由具体的编程语言实现，因此接下来的服务端的开发需要将伪代码表述的操作流程转换为由 Python 语言实现，且其中有些功能需要使用 Tornado 框架提供的方法实现。用户注册接口的 Python 代码如下。

```
1.  class UserRegister(EmailBaseHandler):
2.  def post(self):
3.      """
4.      data = {
5.         'email':'user email',
6.         'password':'user passwd' 加密后
7.      }
8.      :return: result
9.      """
10.     result = {
11.         'code':0, #0 表示正常，9 表示异常
12.         'info':''
13.     }
14.     data = json.loads(self.request.body)
```

```
15.        email = data['email']
16.        if self.get_user_by_email(data['email']):
17.            result['code'] = 9
18.            result['info'] = '用户邮箱已注册，请使用邮箱登录'
19.            return self.write(json.dumps(result))
20.        else:
21.            pwd = self.get_argument("password", None)
22.            password_hash = hash_password(email, pwd)
23.            token = uuid.uuid4().hex
24.            self.db.execute("INSERT INTO user (email, password, created, status)
25.                    VALUES (%s, %s, NOW(), 0)"%(email, password_hash))
26.            user = self.db.get("select * from user where email = %s"%(email))
27.            self.db.execute("insert into token (token,user,expiry) values (%s,
28.                    %s, adddate(now(), INTERVAL 1 day)) ", token, user.user)
29.            self.set_secure_cookie("user", str(user.user))
30.            confirm_url = "http://" + self.request.host + "/confirm/" + token
31.            content = '<div style="width:700px;margin:0 auto;">' \
32.                    '<p>我们收到您的账号激活申请，请点击下方超链接，激活账号</p>
                        <a href="%s">激活账号</a>' \
33.                    '<p>如果以上超链接不能使用，则可以复制、粘贴以下超链接至浏览器中，
                        进入界面激活账户</p>%s<p>招聘系统</p></div>' \
34.                    % (confirm_url, confirm_url)
35.            subject = '招聘网站账号激活'
36.            tornado.ioloop.IOLoop.instance().add_callback(lambda: self.send_
                mail(content, subject, email))
37.            result['info'] = '激活邮件已发送，请注意查收'
38.            return self.write(json.dumps(result))
```

代码解释如下。

第 1 行：定义事件处理类 UserRegister，且该类继承自定义的 EmailBaseHandler 类。

第 2 行：定义 post()方法，接收客户端请求。

第 3～9 行：注释。

第 10～13 行：定义返回体。

第 14 行：定义 data 变量，接收并加载、解析 HTTP 请求体。Tornado 使用 self.request.body 保存 HTTP 请求体，使用 json.loads()方法解析 HTTP 请求体。

第 15 行：取出 HTTP 请求体中传输的变量 email。

第 16～37 行：用户注册的业务处理逻辑。

第 19、38 行：返回语句，将定义好的返回体转换成 JSON 格式的内容并将其返回给客户端。

定义好后端接口后，需要在 main.py 的 Application 中补充 URI 映射关系，具体如图 5-5 所示。

```
import tornado
import pmysql

from tornado import web, httpserver
import os
import time

from tornado.options import define, options
from handlers.user import HearBeatCheck, UserRegister

define("port", default=9000, help="run on the given port", type=int)

class Appliation(tornado.web.Application):
    def __init__(self):
        handlers = [
            (r"/check", HeartBeatCheck),
            (r"/register", UserRegister),
        ]
```

添加内容

图 5-5　在 main.py 的 Application 中补充 URI 映射关系

5.1.2　用户登录和注销

用户注册成功后，可以使用注册的账号进行登录。用户登录成功后，服务端会返回一个加密令牌 token 给客户端，客户端将 token 存储在浏览器的 cookie 之中，确保在登录期间用户进入其他界面或刷新站点时，浏览器能识别用户信息和登录状态。在服务端为多节点场景时，也可以使用 Redis 等缓存数据库保存会话信息并设置有效期，超时的 token 将失效，用户需要重新登录以生成新的 token。

在开发阶段，有些功能通过客户端开发或服务端开发都可实现，此时需要客户端开发人员和服务端开发人员约定由哪一方实现。这里仅对服务端实现进行介绍，客户端实现请自行完成。

【例 5-2】用户登录代码如下。

```
1.  class LoginHandler(BaseHandler):
2.  def post(self):
3.      result = {
4.          'code': 0,  #0 表示正常，9 表示异常
5.          'info': ''
6.      }
7.      data = json.loads(self.request.body)
8.      email = data['email']
9.      passwd = data['password']
10.
11.     user = self.db.get("SELECT * FROM user WHERE email = %s", email)
12.     if not user:
13.         result['code'] = 9
14.         result['info'] = '该账户尚未注册'
15.     else:
```

```
16.        password_hash = hash_password(email, passwd)
17.        if (password_hash == user.password):
18.            self.set_secure_cookie("user", str(user.user))
19.            result['info'] = "SUCCESS"
20.        else:
21.            result['code'] = 9
22.            result['info'] = "密码错误，请重新登录"
23.    self.write(json.dumps(result))
```

代码解释如下。

第 3～6 行：定义返回数据的结构。

第 7～9 行：获取客户端提交的用户数据。

第 11 行：检索 user 表中的用户信息，检查用户信息是否存在。

第 12～22 行：针对查询结果的处理逻辑。

第 23 行：返回数据给客户端。

注销登录的操作无须与数据库交互，仅需完成以下步骤：清理 cookie 中的用户信息和防跨域变量，退出后跳转至首页。

【例 5-3】用户注销代码如下。

```
1.  class LogoutHandler(BaseHandler):
2.   def get(self):
3.     self.clear_cookie("user")
4.     self.clear_cookie("_xsrf")
5.     self.redirect(self.get_argument("next", "/"))
```

同样，完成接口 LoginHandler 和 LogoutHandler 之后，需要在 main.py 的 Application 中补充 URI 映射关系。

5.1.3 简历管理

个人简历包含较多内容，可将其拆解为个人信息和其他信息。

1. 个人信息

个人信息应保存在 resume 表中，需要包含以下内容：姓名、性别、邮箱、籍贯、出生年月、住址、学历、电话号码、年薪等。

在提交表单时，客户端代码中需要增加{{xsrf_form_html()}}，该方法由 Tornado 框架提供，用于防止站点遭受跨域攻击。

【例 5-4】防止站点遭受跨域攻击的代码如下。

```
1.  <td>
2.      {{ xsrf_form_html() }}
3.  </td>
```

2. 其他信息

简历除了要包括个人信息之外，还要包括教育背景、工作经验、奖惩情况和个人说明等内容，这些信息均独立成表。简历项与数据表的对应关系如表 5-2 所示。

表 5-2　简历项与数据表的对应关系

简历项	数据表
教育背景	college
工作经验	record
奖惩情况	reward
个人说明	description

教育背景主要包括教育的开始时间及结束时间、就读院校、所修专业、学历、学位、学习形式等字段。

在以上字段中，学历、学位、学习形式的录入值相对固定，为了保证录入数据库中数据的统一、规范，这里使用下拉列表进行实现。此部分数据可缓存在 Redis 中，也可定义在代码常量中，从而提升数据获取访问效率。

【例 5-5】简历管理的代码如下。

```
1.   class CreateResumeHandler(BaseHandler):
2.   @utils.wrapper.verified
3.   @tornado.web.authenticated
4.   def get(self):
5.       result = {
6.           'code': 0,   #0 表示正常，9 表示异常
7.           'info': ''
8.       }
9.       user = self.current_user
10.      userinfo = self.db.get("select * from resume where user=%s", user.user)
11.         college = self.db.query("select * from college where user=%s",
             user.user)
12.      record = self.db.query("select * from record where user=%s", user.user)
13.      reward = self.db.query("select * from reward where user=%s", user.user)
14.      info = {}
15.
16.      info['userinfo'] = userinfo
17.      info['college'] = college
18.      info['record'] = record
19.      info['reward'] = reward
20.      info['education'] = education      #学历
21.      info['degree'] = degree           #学位
22.      result['info'] = info
23.      self.write(json.dumps(result))
```

代码解释如下。

第 2 行：引入自定义的装饰器，用于检查用户是否已激活。Python 中的函数可以像普通变量一样作为参数传递给其他函数。装饰器本质上是 Python 函数或类，其可以让其他函数或类在不需要

进行任何代码修改的前提下增加额外功能。装饰器的返回值是函数或类对象。装饰器经常用于有切面需求的场景，如日志插入、性能测试、事务处理、缓存、权限校验等。通过使用装饰器，用户可以将与函数功能本身无关的重复代码提取到装饰器中，从而实现代码重用和解耦。

第 3 行：引入 Tornado 自带的权限检查装饰器，检查用户是否处于登录状态。

第 9～13 行：根据 resume 表的主键获取关联表数据，包括从 college 表获取教育背景数据，从 record 表获取工作经验数据，从 reward 表获取奖惩情况数据等。

第 14～23 行：根据获取到的用户信息构建并返回一个包含用户简历信息的 JSON 格式响应数据。

5.1.4 投递简历

投递简历的操作在 resume.py 文件中定义，包括向岗位提交简历和撤销投递两部分内容。

【例 5-6】提交简历的代码如下。

```
1.   class SubmitResumeHandler(BaseHandler):
2.       @tornado.web.authenticated
3.       @verified
4.       def post(self):
5.           result = {
6.               "code":9,
7.               "info":''
8.           }
9.           user = self.current_user
10.          data = json.loads(self.request.body)
11.          userinfo_num = self.db.get("select count(resume) a from resume where
             user = %s", user.user)
12.          college_num = self.db.get("select count(college) a from college where
             user = %s", user.user)
13.
14.          if int(userinfo_num['a']) == 0:
15.              result['info'] = '您尚未填写基本信息，请补充'
16.              return self.write(json.dumps(result))
17.          if int(college_num['a']) == 0:
18.              result['info'] = '您尚未填写教育经历，请补充'
19.              return self.write(json.dumps(result))
20.
21.          batch = data["batch"]
22.          post = data["post"]
23.
24.          if not batch or not post:
25.              result['info'] = "请选择要投递的岗位"
26.              return self.write(json.dumps(result))
```

```
27.
28.          flag = self.db.get("select count(*) cnt from resume where batch = %s
             and post = %s  and user = %s and status<> -1",
29.                          batch,
30.                          post,
31.                          user.user)
32.          if flag["cnt"] != 0:
33.              result['info'] = '已投递过该岗位'
34.              return self.write(json.dumps(result))
35.
36.          repeal = self.db.get("select * from resume where batch = %s and user
             = %s and status = 66", batch, user.user)
37.          if repeal:     #撤销投递的岗位，用户可重新投递
38.              update_sql = "update resume set post = %s, status = 0, screen_status
                 = 0, created = Now() where resume = %s"
39.              self.db.execute(update_sql, post, repeal.resume)
40.          else:
41.              insert_sql = "insert into resume " \
42.                              "(user,batch,post,msg,created,status,screen_status)
                                " \
43.                              "values (%s,%s,%s,%s,NOW(),0,0)"
44.              self.db.execute(insert_sql, user.user, batch, post, "msg")
45.          result['code'] = 0
46.          result['info'] = '投递成功'
47.          return self.write(json.dumps(result))
```

代码解释如下。

第 2 行：引入 Tornado 自带的权限检查装饰器，用于检查用户是否处于登录状态。

第 3 行：引入自定义的装饰器，用于进行进一步的权限验证或其他逻辑检查。

第 4 行：定义 post()方法，以处理投递简历的请求。

第 5~8 行：定义返回体。

第 9、10 行：获取当前用户信息及请求数据。

第 11~19 行：检查用户填写的基本信息和教育经历，如果未填写，则返回相应的提示信息。

第 21~34 行：获取投递岗位信息，并检查是否为空、是否已经投递过该岗位。

第 36~44 行：处理撤销投递情况。

第 45~47 行：设置投递成功的响应信息并返回响应。

【例 5-7】撤销投递的代码如下。

```
1.   class DeleteResumeHandler(BaseHandler):
2.       @tornado.web.authenticated
3.       @verified
4.       def delete(self):
```

```
5.            """
6.            撤销投递，将投递记录的状态更新为-1
7.            :return:
8.            """
9.            result = {
10.               'code':0,
11.               'info':''
12.            }
13.        resume = int(self.get_argument("resume", None))
14.        if not resume:
15.            result['info'] = '参数缺失'
16.            return self.write(json.dumps(result))
17.        user = self.current_user
18.        resume_chk = self.db.get("select resume from resume where resume =%s
           and user=%s", resume, user.user)
19.        if not resume_chk:
20.            result['info'] = '当前用户不存在ID为%s的记录,请联系系统管理员'%resume
21.            return self.write(json.dumps(result))
22.        if resume:
23.            self.db.execute("update resume set status = -1, screen_status =
               -1 where resume = %s", resume)
24.            result['info'] = '撤销投递成功'
25.            result['code'] = 0
26.            return self.write(json.dumps(result))
```

代码解释如下。

第 2 行：引入 Tornado 自带的权限检查装饰器，用于检查用户是否处于登录状态。

第 3 行：引入自定义的装饰器，用于进行进一步的权限验证或其他逻辑检查。

第 4 行：定义 delete()方法，以处理撤销投递的请求。

第 5~8 行：注释。

第 9~12 行：定义返回体。

第 13~16 行：获取 resume 参数，即要撤销的简历 ID，并检查该 ID 是否不存在或为空。

第 17 行：获取当前登录用户的信息。

第 18~23 行：查询并验证简历记录，如果未找到对应的简历记录，则返回错误信息；如果找到，则将对应简历记录的状态更新为-1，表示撤销投递。

第 24~26 行：设置撤销投递成功的响应信息并返回响应。

5.1.5 查看简历投递情况

用户投递简历后，可在"我的应聘"界面中查看简历投递情况，该界面根据用户投递的不同岗位和招聘流程显示相应应聘进度。"我的应聘"界面设计效果如图 5-6 所示。该界面显示了用户应聘的岗位名称、岗位所属部门、用户申请日期，且用户可以通过单击"撤销投递"按钮来取消应聘该岗位。在各个应聘岗位下，显示简历评估、笔试、面试、体检、入职等不同应聘阶段，以及目前该用户所处的应聘阶段。

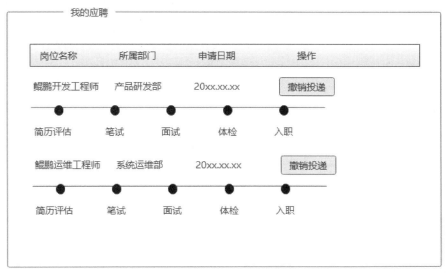

图 5-6　"我的应聘"界面设计效果

【例 5-8】查看简历投递情况的代码如下。

```
1.  class CenterHandler(BaseHandler):
2.      @tornado.web.authenticated
3.      def get(self):
4.          result = {
5.              'code': 0,  #0 表示正常，9 表示异常
6.              'info': ''
7.          }
8.
9.          user = self.current_user
10.          if not user:
11.              self.redirect("/login")
12.
13.          posts = self.db.query("select p.postName,p.nodeName,p.optName,
            r.created,r.resume,r.status "
14.                                "from post p right join resume r on (p.post=r.post) "
15.                                "where r.user = %s and r.status != 66 order by
                                    r.created desc", user.user)
16.
17.          my_posts = posts
18.
```

```
19.        userinfo = self.db.get("select * from resume where user = %s",
            user.user)
20.        college = self.db.get("select * from college where user=%s order by
            updated desc limit 1", user.user)
21.        record = self.db.get("select * from record where user=%s order by
            updated desc limit 1", user.user)
22.        reward = self.db.get("select * from reward where user=%s order by
            updated desc limit 1", user.user)
23.
24.        if not userinfo:
25.            result['info'] = "尚未创建简历"
26.        elif userinfo:
27.            result['info'] = "尚未投递岗位"
28.
29.
30.        #回执
31.        receipts = self.db.query("select s.batch s_batch,p.postName,
            s.sms,s.msg_type,s.created, rt.status "
32.                              "from sms s right join receipt rt on (s.sms =
                                  rt.sms) "
33.                              "left join resume r on ( rt.user = r.user) "
34.                              "left join post p on (r.post = p.post) "
35.                              "where s.batch = r.batch and rt.user = %s "
36.                              "order by s.msg_type desc", user.user)
37.        template_values['receipts'] = receipts if receipts else []
38.        template_values['tips'] = tips
39.        template_values['receipt_type'] = receipt_type
40.        template_values['receipt_status'] = receipt_status
41.
42.        self.render("personalCenter.html", template_values=template_
            values)
```

代码解释如下。

第 2 行：引入 Tornado 自带的权限检查装饰器，用于检查用户是否处于登录状态。

第 3 行：定义 get()方法，以处理查看简历投递情况的请求。

第 4～7 行：定义返回体。

第 9～11 行：获取当前登录用户的信息，如果未登录，则将用户引导至登录界面。

第 13～17 行：查询用户的投递记录，获取岗位名称、节点名称、操作名称、投递时间、简历 ID 和状态等信息，并按投递时间倒序排列。

第 19～22 行：查询用户的个人信息、教育背景、工作经验和奖惩情况。

第 24～27 行：检查用户简历和投递情况，并设置提示信息。

第 31～40 行：查询用户的回执信息，获取批次号、岗位名称、短信信息、消息类型、创建时间和状态等信息，根据条件筛选出用户的 receipts 信息，结果存储在 template_values 中，供后续模板渲染使用。

第 42 行：渲染模板并返回个人中心。

5.2 鲲鹏招聘系统管理后台开发

鲲鹏招聘系统管理后台的功能相对独立，与用户前台仅存在数据上的关联，考虑到降低耦合性的要求，将其单独拆解为一个独立的应用服务，其接口模块拆分如图 5-7 所示。

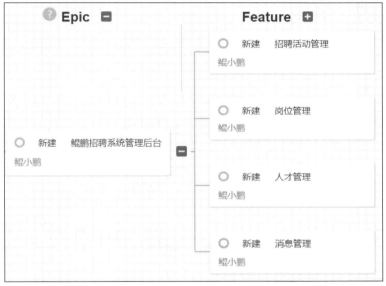

图 5-7　鲲鹏招聘系统管理后台的接口模块拆分

根据图 5-7 可以将管理后台代码拆分为多个文件，分别对应招聘活动管理模块、岗位管理模块、人才管理模块和消息管理模块，接口模块与代码文件的对应关系如表 5-3 所示。

表 5-3　接口模块与代码文件的对应关系

接口模块	代码文件
招聘活动管理	batch.py
岗位管理	post.py
人才管理	applicant.py
消息管理	report.py

鲲鹏招聘系统管理后台项目代码目录结构如图 5-8 所示。本章主要介绍鲲鹏招聘系统管理后台的主要功能（招聘活动管理、岗位管理和人才管理）的实现。其中，home.py 是一个常规的 Python 模块，用于处理与首页或主要功能相关的逻辑。__init__.py 是用于包的初始化和配置的文件，用于导入子模块或配置包级别的环境。

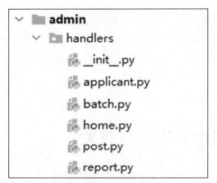

图 5-8　鲲鹏招聘系统管理后台项目代码目录结构

5.2.1　招聘活动管理

招聘活动管理是方便人力资源部门管理招聘批次的模块，人力资源部门每月或每季度会汇总全公司各个部门的用人需求，并进行统一的招聘管理，这就是一次招聘活动。招聘活动有明确的生命周期，如图 5-9 所示。

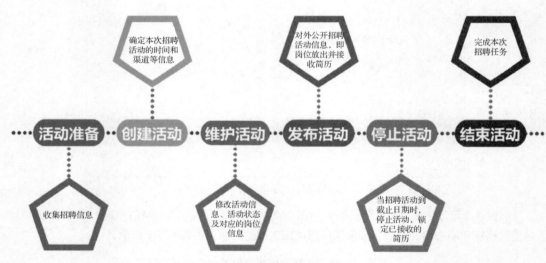

图 5-9　招聘活动的生命周期

招聘活动实际上是指招聘过程中的各个招聘批次，每个批次代表一次具体的招聘行动，对应的表为 batch 表。基于招聘活动的生命周期中的活动操作，通过 batch.py 代码文件实现招聘活动管理，包括查看、修改、删除和发布招聘活动。

【例 5-9】查看招聘活动的代码如下。

```
1.  class BatchHandler(BaseHandler):
2. #batch.status=3 表示招聘活动已结束，status=2 表示招聘活动停止，status=1 表示招聘活动
   已发布，status=0 表示招聘活动未发布
3.     @tornado.web.authenticated
4.     @verified
```

```
5.     def get(self):
6.       result = {
7.           'code': 9,    #0 表示正常，9 表示异常
8.           'info': ''
9.       }
10.      key = self.get_argument('key', None)
11.      pno = abs(int(self.get_argument('pno')))
12.      perpage = abs(int(self.get_argument('perpage')))
13.      batch_status = self.get_argument('status', None)
14.
15.      batch_status = 'b.status =%s '%abs(int(batch_status)) if batch_status
         else 'b.status > -1 '
16.
17.      sql_total = "select count(batch) total from batch b left join admin
         a on b.admin_user = a.admin_user "
18.      sql_info = 'select b.batch, b.code,b.name,b.channel, b.status,
         b.start,b.end,a.name as adminName ' \
19.          'from batch b left join admin a on b.admin_user = a.admin_user '
20.      key_sql = 'and (position("%s" in b.code) or position("%s" in
         b.name) or position("%s" in a.name)) '
21.      sql = 'where ' + batch_status
22.      sql_total += sql
23.      sql_info += sql
24.      if key:
25.          sql_total += key_sql%(key,key,key)
26.          sql_info += key_sql%(key,key,key)
27.      #查询符合关键词搜索条件的总记录数
28.      batch_total = self.db.get(sql_total)
29.
30.      if not batch_total['total']:
31.          result['info'] = []
32.          return self.write(json.dumps(result))   #招聘活动不存在
33.      elif batch_total["total"] > 0:
34.          pagination = pager(pno, perpage, batch_total["total"])
35.          start = pagination['start']
36.          result['total'] = batch_total['total']
37.          page_sql = "order by b.created desc limit %s,%s"
38.          batchs = self.db.query(sql_info + page_sql,start,perpage)
39.          result['code'] = 0
```

```
40.            result['info'] = batchs
41.            result['pno'] = pno
42.            result['perpage'] = perpage
43.       return self.write(json.dumps(result, default=date_to_str))
```

代码解释如下。

第 1 行：定义一个 BatchHandler 类，用于处理招聘批次相关的请求，继承自定义的 BaseHandler 类。

第 2 行：注释。

第 3 行：引入 Tornado 自带的权限检查装饰器，用于检查用户是否处于登录状态。

第 4 行：引入自定义的装饰器，以确保用户已通过验证。

第 5 行：定义处理 get 请求的方法。

第 6~9 行：初始化结果字典。

第 10~13 行：从请求中获取关键词、页码、每页条数和招聘批次状态。

第 15 行：根据是否提供 batch_status 参数来构造 SQL 查询条件。

第 17~19 行：定义两个 SQL 查询字符串，用于查询总记录数和批次详细信息。

第 20~23 行：定义一个 SQL 条件片段，将 batch_status 条件添加到 SQL 查询字符串中。

第 24~26 行：如果提供了 key 参数，则将关键词搜索条件添加到 SQL 查询字符串中。

第 27 行：注释。

第 28 行：获得满足条件的总记录数。

第 30~42 行：如果没有符合条件的记录，则将 info 设置为空列表，并返回结果；如果有符合条件的记录，则进行分页计算，构造分页查询并执行，将结果添加到 result 返回体中。

第 43 行：将结果转化为 JSON 格式数据并返回。

【例 5-10】创建和修改招聘活动信息（对应对 batch 表的修改）的代码如下。

```
1.  @tornado.web.authenticated
2.  @verified
3.  def post(self):
4.      """
5.      创建和修改招聘活动信息
6.      :return:
7.      """
8.      result = {
9.          'code': 9,    #0 表示正常, 9 表示异常
10.         'info': ''
11.     }
12.     """
13.     {
14.         "batch":0,
15.         "code":"202407-DEPT",
16.         "name":"鲲鹏校园行招聘",
17.         "channel":"campus",  "society": "社会招聘",  "campus": "校园招聘",
               "internal": "内部招聘",
```

```
18.         "start":"2024-07-01",
19.         "end":"2024-07-15",
20.         "memo":"东部区域",    #备注说明
21.     }
22.     """
23.     admin = self.current_user
24.     data = json.loads(self.request.body)
25.     code = data['code']
26.     batch = abs(int(data["batch"]))
27.     name = data["name"]
28.     channel = data["channel"]
29.     start = data["start"]
30.     end = data["end"]
31.     memo = data['memo'] if 'memo' in data.keys() else ''
32.     status = data['status'] if 'status' in data.keys() else '0'
33.     batch_chk = self.db.get("select * from batch where code = %s", code)
34.
35.     if start and end:
36.         start = self.string_to_datetime(start)
37.         end = self.string_to_datetime(end)
38.     else:
39.         result['info'] = '开始日期和结束日期不能为空'
40.         return self.write(json.dumps(result))
41.
42.     if batch_chk and batch == 0:
43.         result['info'] = '该活动已存在'
44.         return self.write(json.dumps(result))  #批次编号已存在
45.     if batch == 0:
46.         batch_id = self.db.execute("insert into batch (code,name,
            channel,start,end,admin_user,memo,created) "
47.         "values (%s,%s,%s,%s,%s,%s,%s,NOW()) ",
48.         code, name, channel, start, end, admin.admin_user,
            memo)
49.         if not batch_id:
50.             #报错——数据库操作失败
51.             result['info'] = '数据库操作失败，请联系系统管理员'
52.             return self.write(json.dumps(result))
53.         else:
54.             result['code'] = 0
55.             result['info']="创建成功"
```

```
56.     else:
57.         self.db.execute("update batch set code = %s,name = %s, channel =
            %s, start =%s, end=%s, admin_user=%s,memo=%s, "
58.                     "status =%s "
59.                     "where batch = %s",
60.                     code, name, channel, start, end, admin.admin_user,
                        memo,status, batch)
61.         result['code'] = 0
62.         result['info'] = '编辑成功'
63.     return self.write(json.dumps(result))
```

代码解释如下。

第 1 行：引入 Tornado 自带的权限检查装饰器，用于检查用户是否处于登录状态。

第 2 行：引入自定义的装饰器，以确保用户已通过验证。

第 3 行：定义处理 post 请求的方法。

第 4～7 行：注释。

第 8～11 行：初始化返回体。

第 12～22 行：注释，展示数据结构示例。

第 23、24 行：获取当前用户信息，并解析请求体中的 JSON 格式数据。

第 25～32 行：从解析后的数据中提取各个字段，包括代码、批次编号、名称、渠道、开始日期和结束日期、备注和状态。

第 33 行：检查数据库中是否存在相同批次编号的记录。

第 35～40 行：检查开始日期和结束日期是否存在，并将其转化为日期时间对象；如果日期不存在，则返回错误信息。

第 42～44 行：如果批次编号已存在且当前操作为创建新批次，则返回相应信息。

第 45～62 行：在创建新批次操作下，如果批次编号为 0，则执行插入操作，如果插入失败，则返回相应失败信息，否则设置成功状态码和信息；如果批次编号不为 0，则表示更新已有批次，执行更新操作，并设置成功状态码和信息。

第 63 行：将结果转化为 JSON 格式数据并返回。

例 5-10 中的 post()方法定义在 BatchHandler 类中，采用了 RESTful 写法。

【例 5-11】删除招聘活动的代码如下。

```
1.  @verified
2.  def delete(self):
3.      result = {
4.          'code': 9,   #0表示正常，9表示异常
5.          'info': ''
6.      }
7.      batch = abs(int(self.get_argument('batch',None)))
8.      if batch:
9.          batch_del = self.db.execute("update batch set status = -1 where batch
            =%s", batch)
```

```
10.        result['code'] = 0
11.        result['info'] = "删除成功"
12.    else:
13.        result['info'] = "参数缺失，请联系系统管理员"
14.    return self.write(json.dumps(result))
```

代码解释如下。

第 1 行：引入自定义的装饰器，以确保用户已通过验证。

第 2～6 行：定义处理 delete 请求的方法，并初始化结果字典。

第 7 行：从请求参数中获取 batch 参数，并对其取整后取绝对值。如果参数不存在，则返回 None。

第 8～13 行：如果 batch 参数存在，则执行数据库更新操作，将对应批次的 status 设置为-1，表示删除；如果 batch 参数不存在，则设置结果返回体的 info 参数为相应的提示信息。

第 14 行：将结果转化为 JSON 格式数据并返回。

【例 5-12】显示特定批次信息（对应对 batch-post 表的修改）的代码如下。

```
1.  class BatchInfoHandler(BaseHandler):
2.      """
3.          显示特定批次信息：批次及其内容
4.      """
5.      @tornado.web.authenticated
6.      @verified
7.      def get(self):
8.          result = {
9.              'code': 9,   #0 表示正常，9 表示异常
10.             'info': ''
11.         }
12.
13.         batch = abs(int(self.get_argument('batch')))
14.         pno = abs(int(self.get_argument('pno')))
15.         perpage = abs(int(self.get_argument('perpage')))
16.         info = {}
17.         #获取当前招聘活动详情
18.         if batch:
19.             batch_info = self.db.get("select * from batch where batch=%s and
                    status>-1", batch)
20.             if batch_info:
21.                 info.setdefault('batch_info', batch_info)
22.         else:
23.             result['info'] = '参数缺失，请联系系统管理员'
24.             return self.write(json.dumps(result))
25.
```

```
26.          #获取当前招聘活动已添加的岗位清单
27.          posts_total = self.db.get("select count(*) total from batch_post
             where batch=%s", batch)
28.          if posts_total['total'] ==0:
29.              info.setdefault('posts',[])
30.          else:
31.              pagination = pager(pno, perpage, posts_total['total'])
32.              #posts = self.db.query("select * from post where post in (select
                 #post from batch_post where batch = %s) limit %s, %s",
33.              #batch,pagination['start'],perpage)
34.              query_sql = "select p.post,p.postName,p.orgName, bp.reqExp,
                 bp.reqEdu, bp.workSumm, bp.reqOther,bp.number " \
35.                      "from batch_post bp left join post p on (bp.post = p.post) " \
36.                      "where bp.batch =%s limit %s,%s"
37.              posts = self.db.query(query_sql, batch,pagination['start'],
                 perpage)
38.              info.setdefault('posts', posts)
39.              info.setdefault('pno', pno)
40.              info.setdefault('perpage', perpage)
41.              info.setdefault('posts_total', posts_total['total'])
42.          result['code'] = 0
43.          result['info'] = info
44.          return self.write(json.dumps(result, default=date_to_str))
45.
46.      @tornado.web.authenticated
47.      @verified
48.      def post(self):
49.          """
50.          如果招聘活动当前为未发布状态 status=0,则可编辑该活动中关联的岗位信息
51.          """
52.          result = {
53.              'code': 9,   #0 表示正常, 9 表示异常
54.              'info': ''
55.          }
56.          data = json.loads(self.request.body)
57.          batch = abs(int(data['batch']))
58.          post = abs(int(data["post"]))
59.          reqExp = data["reqExp"]
60.          reqEdu = data['reqEdu']
```

```
61.          workSumm = data['workSumm']
62.          reqOther = data['reqOther']
63.          number = data['number']
64.
65.          batch_chk = self.db.get("select status from batch where batch =%s",
             batch)
66.          if int(batch_chk.status) not in [0,1]:
67.              result['info'] = '当前招聘活动状态不允许编辑'
68.              return self.write(json.dumps(result))
69.
70.          update_sql = "update batch_post set " \
71.                      "reqExp = %s, reqEdu = %s, workSumm = %s, " \
72.                      "reqOther = %s, number = %s  where batch = %s and post = %s"
73.
74.          self.db.execute(update_sql, reqExp, reqEdu, workSumm, reqOther,
             number, batch, post)
75.          result['code'] =0
76.          result['info'] = '修改成功'
77.          return self.write(json.dumps(result))
78.
79.      @tornado.web.authenticated
80.      @verified
81.      def delete(self):
82.          result = {
83.              'code':9,
84.              'info':''
85.          }
86.          batch = abs(int(self.get_argument('batch', 0)))
87.          post = abs(int(self.get_argument('post', 0)))
88.
89.          if batch and post:
90.              self.db.execute('delete from batch_post where batch=%s and
                 post=%s', batch, post)
91.              result['code'] = 0
92.              result['info'] = '删除成功'
93.          else:
94.              result['info'] = "参数缺失，请联系系统管理员"
95.          return self.write(json.dumps(result))
```

代码解释如下。

第 1 行：定义一个名为 BatchInfoHandler 的类，该类继承自 BaseHandler 类。

第 2～4 行：注释。

第 5 行：引入 Tornado 自带的权限检查装饰器，用于检查用户是否处于登录状态。

第 6 行：引入自定义的装饰器，以确保用户已通过验证。

第 7～11 行：定义处理 get 请求的方法，并初始化结果字典。

第 13～16 行：获取请求参数，并将它们转化为正整数。

第 17 行：注释。

第 18～24 行：如果 batch 参数存在，则从数据库中获取当前招聘活动详情并存储在 batch_info 中；否则，设置结果字典的 info 为提示信息，并返回结果。

第 27～44 行：获取当前招聘活动已添加的岗位清单。如果岗位总数为 0，则在 info 中添加一个空的列表；否则，使用分页函数 pager() 计算分页参数，从数据库中查询岗位信息并添加到 info 中。设置结果字典的状态码为 0，将 info 字典赋给返回体以返回结果。

第 46、47 行：引入两个装饰器，以确保用户已登录且通过验证。

第 48～55 行：定义处理 post 请求的方法，并初始化结果字典。

第 56～63 行：从请求体中解析数据，并获取相关参数。

第 65～68 行：查询数据库中当前招聘活动的状态，如果为未发布状态，则返回提示信息。

第 70～77 行：如果状态为允许编辑，则执行更新操作，将新的岗位信息更新到数据库中。设置结果字典的状态码和 info，并返回结果。

第 79、80 行：引入两个装饰器，以确保用户已登录且通过验证。

第 81～85 行：定义处理 delete 请求的方法，并初始化结果字典。

第 86～95 行：从请求参数中获取 batch 和 post，并将其转化为正整数。如果参数不存在，则默认为 0；如果参数存在，则执行删除操作，更新结果并返回。

修改招聘活动的方法中包含修改、删除等多个子方法，分别对应不同功能。

【例 5-13】发布招聘活动的代码如下。

```
1.  class PublishBatchHandler(BaseHandler):
2.      @tornado.web.authenticated
3.      @verified
4.      def post(self):
5.          result = {
6.              'code': 9,
7.              'info': ''
8.          }
9.          data = json.loads(self.request.body)
10.         publish_list = data["batch"]
11.         if not publish_list:
12.             result['info'] = "参数缺失，请联系系统管理员"
13.             return self.write(json.dumps(result))
14.
15.         publish_chk = self.db.query("select batch,name from batch where
            batch in %s and status = 0",tuple(publish_list))
```

```
16.        if not publish_chk:
17.            result['info'] = '暂无尚未发布的招聘活动'
18.            return self.write(json.dumps(result))
19.
20.        bps = self.db.query("select batch from batch_post where batch in %s
            group by batch", tuple(publish_list))
21.        bp_list = [i['batch'] for i in bps]  #已添加岗位的招聘活动列表
22.        if len(bp_list) != len(publish_list):
23.            empty_batch = list(set(bp_list) - set(publish_list))
24.            batch_info = [i['name'] for i in publish_chk if i['batch'] in
            empty_batch]
25.            result['info'] = '清单中含有未关联岗位的招聘活动: %s'%('、'.join
            (batch_info))
26.            return self.write(json.dumps(result))
27.
28.        self.db.execute("update batch set status = 1 where batch in %s",
            tuple(publish_list))
29.        result['code'] = 0
30.        result['info'] = '发布成功'
31.        return self.write(json.dumps(result))
```

代码解释如下。

第 1 行: 定义一个名为 PublishBatchHandler 的类, 该类继承自 BaseHandler 类, 用于处理发布招聘活动的请求。

第 2、3 行: 引入自定义的两个装饰器, 以确保用户已登录且通过验证。

第 4~8 行: 定义处理 post 请求的方法, 并初始化结果字典。

第 9~18 行: 从请求体中解析 JSON 格式数据, 并获取 batch 列表。如果列表为空, 则设置提示信息并返回结果。此后, 从数据库查询还未发布的招聘活动。如果没有符合条件的招聘活动, 则设置提示信息并返回结果。

第 20~26 行: 从数据库中查询 publish_list 已关联岗位的招聘活动, 生成新的列表, 并检查其长度和 publish_list 的长度是否相等。如果不相等, 则说明有招聘活动没有关联岗位, 返回结果。

第 28~31 行: 执行更新操作, 设置结果字典并返回 JSON 格式的结果。

招聘活动发布后, 候选人可在鲲鹏招聘系统用户前台查看已发布招聘活动的岗位信息。

5.2.2 岗位管理

通常企业中的岗位数据并不由招聘系统维护, 而由人力资源部门负责维护, 包括岗位数据的创建和管理。鲲鹏招聘系统作为人力资源系统的关联应用, 可以对岗位数据进行本地存储, 减少业务层面的数据耦合。值得注意的是, 如果岗位数据在本应用系统的数据库中进行冗余存储, 则需要保证数据的一致性。实现岗位管理的代码文件是 post.py, 包括获取岗位清单和向招聘活动中添加岗位两个功能。

【例 5-14】获取岗位清单的代码如下。

```
1.  class PostHandler(BaseHandler):
2.     def get(self):
3.         """
4.         获取岗位清单
5.         :return:
6.         """
7.         result = {
8.             'code': 9,   #0 表示正常，9 表示异常
9.             'info': ''
10.         }
11.        key = self.get_argument("key", None)
12.        pno = abs(int(self.get_argument("pno", 0)))
13.        perpage = abs(int(self.get_argument("perpage", 0)))
14.
15.        #构建查询条件
16.        query = "select * from post "
17.        post_total = "select count(post) total from post "
18.        if key:
19.            query += "where position('%s' in postName) "%key
20.            post_total += "where position('%s' in postName) "%key
21.        total = self.db.get(post_total)
22.        if total["total"] != 0:
23.            pagination = pager(pno, perpage, total["total"])
24.            start = pagination["start"]
25.            limit_sql = "limit %s, %s"
26.            print(query+limit_sql)
27.            post_list = self.db.query(query+limit_sql, start, perpage)
28.            result['info'] = post_list
29.            result['code'] =0
30.            result['pno'] = pno
31.            result['total'] = len(post_list)
32.
33.        return self.write(json.dumps(result, default=date_to_str))
```

代码解释如下。

第 1 行：定义一个名为 PostHandler 的类，该类继承自 BaseHandler 类。

第 2～10 行：定义处理 get 请求的方法，用于获取岗位清单，并初始化结果返回体。

第 11～13 行：获取请求参数，并将它们转化为正整数。

第 16、17 行：定义 SQL 查询字符串。

第 18～21 行：如果 key 参数存在，则在 SQL 查询字符串中增加条件；执行 SQL 语句，并把结果存储在变量中。

第 22～31 行：如果岗位总数不为 0，则调用 pager()函数计算分页信息，将起始位置存储在变量 start 中；定义新的字符串，用于限制查询结果的数量，输出完整的 SQL 语句并执行；将查询结果存储到结果字典中。

第 33 行：将结果转化为 JSON 格式数据并返回。

如果鲲鹏招聘系统开放岗位信息接口，则可以通过调用接口获取岗位信息。建议在本地数据库中保存一份岗位数据，避免在数据量级较大时，提供岗位信息的接口压力过大。

【例 5-15】向招聘活动中添加岗位的代码如下。

```
1.  class AddPostToActivityHandler(BaseHandler):
2.     def post(self):
3.         """
4.         向招聘活动中添加岗位
5.         :return:
6.         """
7.         result = {
8.             'code': 9,  #0 表示正常， 9 表示异常
9.             'info': ''
10.        }
11.        try:
12.            #从请求中获取岗位信息和招聘活动 ID
13.            activity_id = self.get_argument("activity_id", None)
14.            post_name = self.get_argument("postName", None)
15.            description = self.get_argument("description", None)
16.            requirements = self.get_argument("requirements", None)
17.            if not all([activity_id, post_name, description, requirements]):
18.                result['info'] = "缺少必要的参数"
19.                return self.write(json.dumps(result))
20.            #SQL 插入语句，向 post 表中添加岗位
21.            query = """
22.            INSERT INTO post (activity_id, postName, description,
                   requirements, created)
23.            VALUES (%s, %s, %s, %s, NOW())
24.            """
25.            self.db.execute(query, activity_id, post_name, description,
                   requirements)
26.            result['info'] = "岗位已成功添加"
27.            result['code'] = 0
28.        except Exception as e:
```

```
29.          result['info'] = str(e)
30.          return self.write(json.dumps(result))
```

代码解释如下。

第 2 行：定义处理 post 请求的方法。

第 3～6 行：注释。

第 7～10 行：初始化结果字典。

第 11～16 行：从请求中获取岗位信息和招聘活动 ID。

第 20～23 行：定义 SQL 插入语句，向 post 表中添加岗位。

第 25 行：执行 SQL 语句。

第 26～30 行：如果岗位成功添加，则返回 code 为 0 并提供相关成功信息；如果出现异常，则捕获并返回错误信息。

5.2.3 人才管理

人才管理模块是对候选人的信息进行操作的模块，对应代码文件是 applicant.py，包含获取招聘活动和简历投递汇总信息、获取候选人列表信息、获取指定候选人的简历信息等功能，也具备系统管理员修改用户状态、同步系统管理员操作至用户前台的功能。

【例 5-16】获取招聘活动和简历投递汇总信息的代码如下。

```
1.  class ApplicantHandler(BaseHandler):
2.      @tornado.web.authenticated
3.      @verified
4.      def get(self):
5.          """
6.          获取招聘活动和简历投递汇总信息
7.          :return:
8.          """
9.          result= {
10.             "code":9,
11.             "info":''
12.          }
13.          info = {}
14.          batch_status = self.get_argument('batch_status', None)      #检索条件
15.          pno = abs(int(self.get_argument("pno", 1)))
16.          perpage = abs(int(self.get_argument("perpage", "20")))
17.
18.          #检索招聘和投递人数信息
19.          batch_cnt = "select r.batch,r.post from resume r left join batch b on (r.batch=b.batch) " \
20.                  "where b.status > -1 "
21.          if batch_status:
```

```
22.        batch_cnt += "and b.status=%s"%batch_status
23.
24.        batch_pager = self.db.query(batch_cnt)
25.        if len(batch_pager) == 0:
26.            result['info'].setdefault('batch_info', [])
27.            return self.write(json.dumps(result))
28.        batch_pagination = pager(pno,perpage,len(batch_pager))
29.
30.        batch_info_sql = "select r.batch,r.post, b.name, start,
           end,b.status,r.status,count(r.user) as applicant " \
31.                    "from batch_post bp left join resume r on (bp.batch =
                       r.batch and bp.post=r.post) " \
32.                    "left join batch b on (bp.batch = b.batch) GROUP BY
                       r.batch,r.post having b.status > -1 %s "
33.
34.        if batch_status:
35.            batch_info_sql = batch_info_sql%("and b.status=%s"%batch_
               status)
36.        else:
37.            batch_info_sql = batch_info_sql % ''
38.        batch_info_sql += "limit %s, %s"
39.        batch_info = self.db.query(batch_info_sql, batch_pagination
           ['start'], perpage)
40.
41.        info['batch_list'] = batch_info
42.        info['pno'] = pno
43.        info['perpage'] = perpage
44.        info['total'] = len(batch_pager)
45.        result['info'] = info
46.        result['code'] = 0
47.        return self.write(json.dumps(result, default=date_to_str))
```

代码解释如下。

第 1 行：定义一个 ApplicantHandler 类。

第 2、3 行：引入装饰器，以确保只有经过验证的用户才能访问。

第 4 行：定义一个处理 get 请求的方法。

第 5~8 行：注释。

第 9~12 行：初始化结果字典。

第 13~16 行：定义变量，从请求中获取相应参数。

第 18 行：注释。

第 19~22 行：定义 SQL 查询字符串，如果存在参数，则在 SQL 查询字符串中增加条件。

第 24~27 行：执行查询并存储结果至变量中。如果结果为空，则设置空列表并返回结果。

第 28 行：调用 pager()函数。

第 30~39 行：定义 SQL 查询字符串，如果存在参数，则更新字符串；添加分页限制并执行查询，把结果保存到变量中。

第 41~44 行：将查询结果和分页信息保存到 info 字典中。

第 45~47 行：将结果存储到 result 中，设置状态码并返回结果。

【例 5-17】获取候选人列表信息的代码如下。

```
1.   class ApplicantListHandler(BaseHandler):
2.       @verified
3.       def get(self):
4.           """
5.           获取候选人列表信息
6.           :return:
7.           """
8.           result = {
9.               "code": 9,
10.               "info": ''
11.           }
12.          info = {}
13.          user_name = self.get_argument("userName", None)   #检索条件
14.          batch = self.get_argument("batch", None)   #检索条件
15.          post = self.get_argument("post", None)   #检索条件
16.          pno = abs(int(self.get_argument("pno", 1)))
17.          perpage = abs(int(self.get_argument("perpage", 1)))
18.          if not batch or not post:
19.              result['info'].setdefault("applicant",[])
20.              return self.write(json.dumps(result))
21.          #获取岗位投递总人数（用于分页）
22.          total= self.db.get("select count(resume) total from resume where
             batch = %s and post = %s and status <> -1"%(batch,post))
23.          pagination = pager(pno,perpage,total['total'])
24.          start = pagination['start']
25.
26.          #获取活动对应人员信息
27.          query_sql = "select u.user, u.username, u.highest_education,
             u.highest_degree, u.professional_duty, u.mobile, " \
28.                  "r.status, r.screen_status, r.created, r.resume " \
29.                  "from resume r " \
30.                  "left join user u " \
31.                  "on (r.user = u.user) where r.status > -1 "
```

```
32.         if batch and post:
33.             query_sql += "and r.batch = %s and post =%s "%(batch,post)
34.         if user_name:
35.             query_sql += "and position(%s in u.username) "%user_name
36.
37.         query_sql += "limit %s, %s"
38.         applicants = self.db.query(query_sql, start, perpage)
39.         info.setdefault('applicant', applicants if applicants else [])
40.         info.setdefault('pno', pno)
41.         info.setdefault('total', total['total'])
42.         result['info']= info
43.         result['code'] = 0
44.         return self.write(json.dumps(result,default=date_to_str))
```

代码解释如下。

第 1 行：定义一个自定义类，用于获取候选人列表信息。

第 2 行：引入自定义装饰器，以确保只有经过验证的用户才能访问。

第 3 行：定义一个处理 get 请求的方法。

第 4～7 行：注释。

第 8～11 行：初始化结果字典。

第 12～17 行：定义变量，从请求中获取相应参数。

第 18～20 行：如果 batch 或 post 参数为空，则设置空列表并返回。

第 21 行：注释。

第 22～24 行：执行 SQL 查询，获取符合条件的简历总数；调用 pager()函数计算分页信息，并将结果存储至变量中。

第 27～35 行：定义 SQL 查询字符串，用于检索活动对应的人员信息；根据是否存在 batch、post 和 user_name 参数来更新变量。

第 37～44 行：SQL 在查询字符串中添加分页限制以实现 Web 应用程序的分页查询请求。执行查询，将结果存储在 applicants 变量中，如果变量为空，则设置空列表；先将所有结果存储到 info 中，再将所有结果存储到结果字典中并将其返回。

【例 5-18】获取指定候选人的简历信息的代码如下。

```
1.  class ApplicantDetailHandler(BaseHandler):
2.      @verified
3.      def get(self):
4.          """
5.          获取指定候选人的简历信息
6.          :return:
7.          """
8.          result = {
9.              "code": 9,
10.             "info": ''
```

```
11.         }
12.         info = {}
13.         user = self.get_argument("user", None)
14.         if not user:
15.             result['info'] = "参数缺失，请联系系统管理员"
16.             return self.write(json.dumps(result))
17.
18.         college_list = self.db.query("select * from college where user = %s
    order by start", user)
19.         record_list = self.db.query("select * from record where user = %s order
    by start", user)
20.         reward_list = self.db.query("select * from reward where user = %s order
    by time", user)
21.         userinfo = self.db.get("select * from where user = %s", user)
22.         history_post = self.db.query("select  b.name, p.deptName, p.postName,
    r.created "
23.                                 "from batch b right join resume r on (b.batch
                                  = r.batch) "
24.                                 "left join post p on (p.post = r.post) "
25.                                 "where r.user = %s and r.status <> -1", user)
26.
27.         info["userinfo"] = userinfo if userinfo else []
28.         info["college_list"] = college_list if college_list else []
29.         info["record_list"] = record_list if record_list else []
30.         info["reward_list"] = reward_list if reward_list else []
31.         info["history_post"] = history_post if history_post else []
32.
33.         result['code'] = 0
34.         result['info'] = info
35.         return self.write(json.dumps(result, default=date_to_str))
```

代码解释如下。

第 1 行：定义一个名为 ApplicantDetailHandler 的类，该类继承自 BaseHandler 类。

第 2 行：引入自定义的装饰器，以确保用户已通过验证。

第 3 行：定义一个处理 get 请求的方法。

第 4～7 行：注释。

第 8～11 行：初始化结果字典。

第 12 行：定义空变量。

第 13～16 行：从请求中获取参数，如果参数为空，则设置提示信息并返回结果。

第 18～20 行：执行 3 次 SQL 查询，分别获取用户的教育背景、工作经验和奖惩情况，并按时间排序。

第 21 行：执行 SQL 查询，获取候选人的基本信息。

第 22~25 行：执行 SQL 查询，获取用户的历史岗位信息。

第 27~31 行：将结果存储到 info 字典中，如果查询结果为空，则将其设置为空列表。

第 33~35 行：将 info 存储到 result 字典中，转化为 JSON 格式数据并返回结果。

【例 5-19】系统管理员修改用户状态的代码如下。

```
1.   class MoveApplicantHandler(BaseHandler):
2.       """
3.       系统管理员的修改只针对 screen_status 字段
4.       """
5.       @tornado.web.authenticated
6.       @verified
7.       def post(self):
8.           result = {
9.               'code': 9,
10.               'info':''
11.          }
12.          data = json.loads(self.request.body)
13.          batch = abs(int(data['batch']))
14.          batch_status = self.db.get("select status from batch where batch
              = %s ", batch)
15.          if batch_status.status == 3:
16.              result['info'] = "当前招聘活动已结束，无法操作候选人招聘进度"
17.              return self.write(json.loads(result))   #活动结束，不允许修改
18.
19.          screen_status = int(data["status"])
20.          resume_list = data["resume_list"]
21.
22.          if not resume_list:
23.              result['info'] = "参数缺失，请联系系统管理员"
24.              return self.write(json.loads(result))
25.          move_list = [(screen_status, resume) for resume in resume_list]
26.
27.          self.db.executemany("update resume set screen_status = %s where
              resume = %s", move_list)
28.          result['code'] = 0
29.          result['info'] = "操作成功"
30.          return self.write(json.dumps(result))
```

代码解释如下。

第 1 行：定义一个名为 MoveApplicantHandler 的类，该类继承自 BaseHandler 类，用于处理与用户状态改变相关的操作。

第 2~4 行：注释。

第 5、6 行：引入 Tornado 自带的权限检查装饰器和自定义装饰器，以检查用户是否处于登录状态并进行验证。

第 7~11 行：初始化结果字典。

第 12、13 行：解析请求体中的 JSON 格式数据，并获取 batch 参数，确保其为正整数。

第 14~17 行：查询数据库，获取批次状态。如果批次状态为 3，则设置提示信息并返回结果。

第 19、20 行：获取参数，分别表示新的状态和 ID。

第 22~24 行：如果 ID 为空，则设置提示信息，并返回结果。

第 25 行：创建一个元组列表，每个元组包含新的状态和 ID。

第 27~30 行：批量更新简历列表中的 screen_status 字段。设置 code 为 0，info 为操作成功的提示信息，并返回结果。

【例 5-20】同步系统管理员操作至用户前台的代码如下。

```
1.   class ConfirmResumeStatusHandler(BaseHandler):
2.       """
3.       系统管理员确认移动操作是否用户可见
4.       """
5.       @tornado.web.authenticated
6.       @verified
7.       def post(self):
8.           result = {
9.               'code': 9,
10.               'info': ''
11.          }
12.          data = json.loads(self.request.body)
13.          resume_list = data["resume_list"]
14.          if not resume_list:
15.              result['info'] = "参数缺失，请联系系统管理员"
16.              return self.write(json.loads(result))
17.
18.          self.db.execute("update resume set status = screen_status where
                 resume in %s", tuple(resume_list))
19.          result['info'] = "操作成功"
20.          result['code'] = 0
21.          return self.write(json.dumps(result))
```

代码解释如下。

第 1 行：定义一个名为 ConfirmResumeStatusHandler 的类，该类继承自 BaseHandler 类，用于同步系统管理员操作。

第 2~4 行：注释。

第 5、6 行：引入自定义装饰器，以确保只有经过验证的用户才能访问。

第 7 行：定义处理 post 请求的方法。

第 8～11 行：初始化结果字典。

第 12、13 行：解析请求中的 JSON 格式数据，并获取 resume_list 参数。

第 14～16 行：如果 resume_list 为空，则设置提示信息并返回结果。

第 18 行：执行 SQL 更新操作。

第 19、20 行：设置操作成功的提示信息和状态码。

第 21 行：将结果转化为 JSON 格式数据并返回。

5.3 本章练习

根据鲲鹏招聘系统客户端和服务端的功能，绘制完整的系统功能架构图。

迁移篇

第6章
应用迁移

06

学习目标

- 了解应用迁移原理。
- 了解应用迁移过程。
- 了解应用迁移常见工具。
- 了解应用迁移常见问题。

鲲鹏系列芯片（基于 ARM 架构）与传统 x86 架构芯片的指令集架构不同——鲲鹏系列芯片采用精简指令集，x86 架构芯片采用复杂指令集。这意味着，它们在需要完成同样的任务时，会由于不同 CPU 硬件能够识别的二进制指令和汇编指令完全不同而无法通用。所以，在基于鲲鹏系列芯片的物理服务器和云主机上开发、部署各类应用之前，需要了解程序执行的过程、指令集的差异及常用语言的分类，理解为什么要进行软件迁移以及如何进行软件迁移。

6.1 应用迁移原理

当应用软件从传统的 x86 平台转移到鲲鹏计算平台上时，为什么需要进行相应的迁移工作才能使应用软件正常运行呢？在讨论这个问题之前，先来了解计算技术栈和程序执行过程、指令集差异和常用语言分类。

6.1.1 计算技术栈和程序执行过程

图 6-1 展示了典型的计算技术栈的层次结构，其中每一层都完成自己的任务。从底层硬件到顶层应用逐渐抽象；而从顶层到底层，技术复杂程度逐渐增加。抽象思想是计算机领域中很关键的一种思想，其对底层的复杂实现进行隐藏，只提供必要信息给上层使用者，使得每一层的用户都可以专注于当前层面要处理的任务。

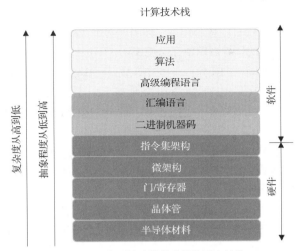

图 6-1　典型的计算技术栈的层次结构

计算技术栈的层次结构具体介绍如下。

1．半导体材料与晶体管

半导体材料和晶体管之间有着非常紧密的关系，晶体管是由半导体材料制成的电子设备。半导体是指常温下导电性能在导体与绝缘体之间的材料，目前常用的半导体材料有锗、硅、砷化镓及新兴半导体材料氮化镓等。1947 年，贝尔实验室的科学家约翰·巴丁、沃尔特·布拉顿和威廉·肖克利发明了晶体管，这时用到的物理原材料是锗。后期因该材料存在一些问题，将该材料替换成了更容易获得且成本更低、性能更好的硅材料。硅是最常用的半导体材料之一，几乎所有现代电子设备中的晶体管都基于硅。

随着科学技术的发展，科学家发明了一种利用电场效应来控制多数载流子导电的半导体器件——场效应管。其具备功耗低、使用寿命长、体积小、输入阻抗高、噪声低、热稳定性好、抗干扰能力强和制造工艺简单等优点，并且多个场效应管可以集成在一块硅片上，因此场效应管在大规模集成电路中得到了广泛的应用。

计算机芯片是集成了大量晶体管和其他电子元件的微电子电路。经过光刻、掺杂和其他半导体制造工艺，可以将晶体管等元件集成在一块半导体材料上。鲲鹏 920 芯片的制程工艺是 7nm，而一张纸的厚度大概是 100000nm。根据登纳德缩放定律，芯片制程工艺的精度变小，晶体管体积变小，芯片消耗的电压和电流会以相同的比例减小，而电压和电流是决定芯片静态功率的因素，电压和电流减小可以使得芯片的静态功率降低。除此之外，依托华为海思多年的硬件研发经验，结合研发人员优秀的底层架构设计能力，可以从结构上优化鲲鹏系列芯片的效能。但是，制程工艺也受到一定的物理制约，当制程工艺小到一定程度时，电子的流动方向将不再受高低电压影响，会出现宏观物理理论无法解决的问题——量子隧穿，影响计算结果的稳定性。

2．门/寄存器

门是对所有逻辑门的统称，包括与门、或门、非门等，逻辑门指的是用于执行特定逻辑函数（如与、或、非等运算）的电子组件，是实现数字电路基本操作的物理设备。简单的逻辑门可以由晶体管构成，通过晶体管的特定组合，可以实现输入电压信号到输出电压信号的转换。计算机可以使用"真""假"两种状态表示信息，从物理层面来看，通常高电位表示"真"，低电位表示"假"；从数学层面来看，通常"1"表示"真"，"0"表示"假"。

使用逻辑门可以构建出更大、更复杂的组件,如算术逻辑部件(Arithmetic and Logic Unit,ALU)和寄存器。ALU 是计算机进行计算的核心组件,其由算术单元和逻辑单元组成。其中,算术单元负责执行数字操作,如乘法、除法等;逻辑单元负责执行逻辑操作,如判断等。

在 ALU 执行计算任务期间,需要保存一些操作数或计算过程中的中间结果,这时需要一种结构能够保证数据可以暂存在 CPU 中,且暂存的位置能被下一步任务所用到的 ALU 访问,这种结构就是寄存器。寄存器是 CPU 内部的组件,用来临时存储指令、数据和所用信息的内存地址。

3. 微架构

计算机所用的物理原材料、晶体管、各类门电路以及连接线共同组成了计算机的微架构。微架构是面向硬件设计人员的,通过设计芯片的各类指令执行单元部件,对一整套执行规定指令的微处理器进行合理布局,从而组成的硬件层面的元器件架构。

4. 指令集架构

指令集架构是指 CPU 能够识别的计算机指令集合,其面向的是上层的编程人员。底层硬件的微架构不同,指令集架构也有所差异。这也是在不同的硬件架构上,软件开发人员需要对一些程序进行迁移的根本原因。

指令集架构和微架构是相互影响的,硬件层面的微架构设计会影响上层的指令集架构,指令集的发展也会导致微架构的设计变更和优化。

5. 二进制机器码

二进制机器码是计算机能够直接理解和执行的最低级别的代码,由一串二进制数(0 和 1)组成。物理设备上的高、低电压可以分别代表逻辑上的"真""假"或二进制当中的 1 和 0,从而实现逻辑运算。最早程序开发人员使用打孔纸卡与计算机交互,有孔的地方,读卡器上方的金属指针可以穿过并与下方的金属接触,保证了电路通畅,因此可以实现 1 的传入;没有孔的地方,由于纸卡绝缘,因此可以实现 0 的传入。这样的编程工作非常烦琐且枯燥,所以人们很快采取了其他方式来实现二进制输入。

6. 汇编语言

历经多年,计算机能识别的代码依旧是二进制形式的。二进制编码中存在大量的重复代码,人们把固定的二进制指令手动替换为方便记忆的助记符,即汇编指令。后续人们开发了专门的软件(汇编器),其可以自动对二进制指令和汇编指令进行转换。

例如,当人们需要调用鲲鹏 920 芯片的汇编指令实现两位整数的计算(如 a+b=c)时,硬件识别 add 指令,该指令是无进位的加法指令,功能是将寄存器 1 和寄存器 2 中的参数取出,传入加法计算单元,并将结果写入寄存器 3 中,语法如下。

```
add 寄存器 3, 寄存器 1, 寄存器 2;
```

汇编器会把上述汇编指令编译成 CPU 能够识别的二进制机器码,并由相应的计算单元执行计算,以二进制的形式输出结果。

7. 高级编程语言

汇编语言编写复杂且可移植性差,不利于复杂项目管理。高级编程语言可以提升开发效率,增强代码的可读性和可移植性。用高级编程语言编写的程序通过编译器被编译成汇编语言,再进一步被汇编器编译成机器语言,使程序能在特定硬件上运行。例如,针对加法,使用高级编程语言可以写成下方的代码。

Java 方式:

```
int a = 1;
```

```
        int b = 1;
        int c = a + b;
```

Python 方式：

```
        a = b = 1
        c = a + b
```

Go 方式：

```
        var a int = 1
        var b int = 1
        var c int
        c = a + b
```

不同的高级编程语言有不同的编写规则、语言特性，程序开发人员需要按照对应高级编程语言的规则进行代码的编写，编写出的程序才能被编译器正确识别并转换。

8. 算法

不同于机器学习或 AI 场景中经常提到的各类算法，如线性回归、随机森林等，这里提及的算法是广义上的概念，即使用计算机解决问题的逻辑步骤。当遇到普适的、有规律的问题时，结合各类数据结构的特点，算法工程师可以用系统的方法描述解决问题的策略机制，此类解决问题的方法称为算法。

解决问题的方法有很多，这意味着同一个问题可以有多种算法。在应用开发完毕，通过阶段性运行监测性能指标后，开发人员会对应用进行性能调优，算法工程师会根据实际的应用性能要求不断地调整算法，直至性能达标。例如，同样是排序算法，通过递归实现的冒泡排序执行效率要比二分插入排序执行效率低。通常使用复杂度（用 O 表示）评估算法的执行效率。复杂度一般分为时间复杂度和空间复杂度。时间复杂度用于评估算法的执行时间，空间复杂度用于评估完成计算任务所需的内存大小。当两者达到一个比较平衡的状态时，算法就能够最大限度地发挥 CPU 的计算能力和内存的使用效率。

鲲鹏 920 CPU 依托于多核、8 内存通道等硬件特性，对于高并发、高吞吐的计算场景能有效地支撑算法性能。在进行算法优化时，需要考虑到鲲鹏系列芯片的硬件特性，利用其提升算法效率。

9. 应用

由算法再向上一层抽象，开发人员使用高级编程语言、结合各类算法，可以开发出面向不同业务场景提供不同实际功能的应用，如解决用户跨应用权限验证的单点登录、解决运维工程师管理服务器配置的配置管理数据库（Configuration Management Database，CMDB）应用等。

上面从半导体材料开始，逐层介绍了计算技术栈各层的功能。接下来以一个简单的例子，从上向下分析程序执行过程。

使用高级编程语言实现一个简单的功能：对向量中两个相邻的变量进行交换。同样的功能，使用不同高级编程语言实现时有细微差异。但是，变量值交换都是通过引入一个中间变量来实现的，因为计算机中的交换执行逻辑是先将向量 v 中索引为 k 的元素 v[k] 中的值存放到 temp 变量中；再将 v[k] 后面的元素 v[k+1] 的值赋给 v[k]，此时 v[k] 中的原值被 v[k+1] 的值覆盖；最后将 temp 中保存的 v[k] 的原值回写 v[k+1]。这部分代码执行完成后，计算机会回收 temp 的变量空间，并释放给其他程序使用。使用 C/C++ 语言或 Fortran 语言实现该功能的程序执行过程如图 6-2 所示，高级编程语言由各自对应的编译器编译生成针对不同 CPU 架构的汇编语言，汇编语言再经过汇编器转换成计算机硬件可以识别的指令和数据（二进制机器码），二进制机器码再交由 CPU 硬件完成计算逻辑，从而实现用户所需的功能。

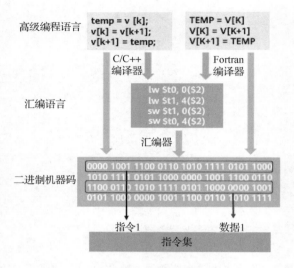

图 6-2　程序执行过程

6.1.2　指令集差异

指令集是 CPU 中用来计算和控制计算机系统的一套指令的集合，每一种新型的 CPU 在设计时就规定了一系列与其他硬件电路相配合的指令。指令集的先进与否关系到 CPU 的性能发挥水准，是CPU 性能体现的一个重要标志。再强大的处理器也需要指令集的配合。指令集定义了一组基本操作，包括处理数据、控制程序流程以及操作内存等。

指令集与 CPU 硬件架构强相关，这意味着同样一段编程代码，经过层层转换后，生成的计算机指令不同。下面通过一段简单的 C 语言代码进行介绍。

```
int main()
{
    int a = 1;   //将 1 赋值给整型变量 a
    int b = 2;   //将 2 赋值给整型变量 b
    int c = 0;   //初始化整型变量 c 的值为 0
    c = a + b;   //将 a + b 的结果赋值给整型变量 c
    return c;    //返回 c 的值给控制进程
}
```

上述代码在不同架构的 CPU 上生成的处理器指令如表 6-1 和表 6-2 所示。

表 6-1　在鲲鹏架构的 CPU 上生成的处理器指令

指令	汇编代码		说明
b9400fe1	ldr	x1, [sp,#12]	从内存将变量 a 的值放入寄存器 x1
b9400be0	ldr	x0, [sp,#8]	从内存将变量 b 的值放入寄存器 x0
0b000020	add	x0, x1, x0	将寄存器 x1 中的值加上寄存器 x0 的值放入寄存器 x0
b90007e0	str	x0, [sp,#4]	将寄存器 x0 中的值存入内存（变量 c）

表 6-2　在 x86 架构的 CPU 上生成的处理器指令

指令	汇编代码	说明
8b 55 fc	mov -0x4(%rbp),%edx	从内存将变量 a 的值放入寄存器 edx
8b 45 f8	mov -0x8(%rbp),%eax	从内存将变量 b 的值放入寄存器 eax
01 d0	add %edx,%eax	将寄存器 edx 中的值加上寄存器 eax 的值放入寄存器 eax
89 45 f4	mov %eax,-0xc(%rbp)	将寄存器 eax 中的值存入内存（变量 c）

对比表 6-1 和表 6-2，可以看到以下不同点。

（1）功能相同的 C 语言代码，在 x86 架构和鲲鹏架构的 CPU 上生成的汇编代码不同。x86 架构的 CPU 使用 mov 指令完成内存和寄存器之间的数据传输；鲲鹏架构的 CPU 使用 ldr（load）指令从相应的内存空间中取出变量并存入指定的寄存器，使用 str（store）指令把寄存器中的值写入指向的内存空间。如表 6-1 所示，在汇编代码 ldr　x1, [sp,#12] 中，[sp,#12] 是内存地址，其表示从内存栈顶指针 sp 偏移 12 个位移量（#12 表示偏移量）。

（2）机器指令长度不同。ARM 架构是一种基于精简指令集计算原理的计算机架构，而鲲鹏架构基于 ARM 架构并进行了许多独特的优化和增强。鲲鹏架构的 CPU 的机器指令为定长指令，x86 架构的 CPU 的机器指令为不定长指令。这是因为 x86 架构的出现早于 ARM 架构，ARM 架构在设计阶段对指令集架构进行了相应优化。定长指令避免了 x86 架构指令的切割问题，在寻址操作等方面的性能强于不定长指令的性能。

6.1.3　常用语言分类

CPU 只能识别机器语言，即由二进制数所代表的高、低电位，无法直接识别对人类友好度更高的高级编程语言，要想使其理解高级编程语言，就需要经过层层转换，将高级编程语言转换为机器语言。高级编程语言可以划分为两大类：编译型语言和解释型语言。

（1）编译型语言：采用编译型语言编写好的程序代码，通过编译系统，可以直接编译成 CPU 能够识别的二进制机器码。通过一次编译，CPU 即可直接执行编译后的可执行程序，如 Windows 环境下的 EXE 文件，或者 Linux 下的二进制命令，可执行程序无须再次编译，执行效率普遍较高。

编译型语言使用的编译器包括 GNU 编译器套件（GNU Compiler Collection，GCC）等。GCC 分为前端和后端——前端用于适配不同语言的语法分析，后端用于进行语义优化和底层操作系统及硬件设备的适配。

常见的编译型语言有 C、C++、Go 等。

（2）解释型语言：将程序一句一句地直接执行，而不是像编译型语言一样，使用编译器先将程序编译为二进制机器码后再执行。同时，为了解决开发出的程序对于不同操作系统和硬件可能存在的不适配问题，解释型语言都有虚拟机这样的解释系统。通过解释系统，解释型语言可以变成中间代码，即字节码。在不同底层硬件平台上，通过同一解释型语言的解释器生成的字节码都一样，字节码无法直接在 CPU 上运行，但是虚拟机可以将字节码转换成在不同平台上都可以运行的二进制代码。这样的虚拟机机制，一方面实现了一些语言跨平台的特性，另一方面使得开发人员无须关注底层平台的差异，可以专注于上层应用开发。

常见的解释型语言有 Python、Ruby、JavaScript 等。

在鲲鹏计算平台上，编译型语言或解释型语言开发的程序都可以正常运行，但是这两类语言在迁移过程中稍有差异，该内容将在 6.2 节中进行介绍。

6.2 应用迁移过程

根据 6.1 节所述，高级编程语言可分为编译型语言和解释型语言。由于这两类语言对硬件结构的依赖程度不同，因此使用它们所开发的程序的迁移过程会因硬件差异而有所不同。本节将针对这两类语言的执行原理、迁移方法分别展开讲解。

6.2.1 编译型语言迁移过程

本小节将讲解编译型语言执行原理以及如何将编译型语言从 x86 平台迁移至鲲鹏计算平台。

1. 编译型语言执行原理

编译型语言的执行步骤如图 6-3 所示。使用编译型语言（如 C、C++或 Go 语言）开发的程序会通过编译器转换为汇编语言程序，汇编语言程序会通过汇编器生成机器语言程序。此时生成的机器语言程序还不能直接运行，需要使用链接器将程序所引入的多个目标文件、必要的系统文件及其他库函数进行链接，最终生成可执行代码。在 Windows 操作系统中，编译型语言生成的二进制可执行程序常以.exe 作为扩展名，在 Linux 操作系统中，可执行的二进制程序通常保存在应用安装路径的"bin"目录下。

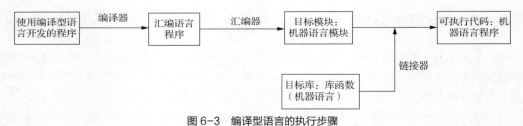

图 6-3　编译型语言的执行步骤

下面以 C 语言程序为例，介绍编译过程。如下代码是实现简单加法计算的程序 add_test.c。

```
#include <stdio.h>              //引入标准 I/O 头文件
int main( ) {
    int c = 0;                  //声明变量 a、b、c，并分别对 a、b、c 赋值
    int a = 1;
    int b = 2;
    c = a + b;                  //将 a + b 的计算结果赋值给变量 c
    printf("1 + 2 = %d",c);     //将 c 的值输出
}
```

C 语言程序可以使用 GCC 进行编译，可以通过如下代码将源码转换为汇编文件 add_test.s。

```
gcc -S add_test.c //生成汇编代码，汇编文件名称为源码名加 .s 扩展名
```

在鲲鹏计算平台上生成的汇编文件如下（这里 GCC 的版本为 8.2）。

```
.LC0:
        .ascii  "1 + 2 = %d\000"
```

```
main:
        push    {fp, lr}
        add     fp, sp, #4
        sub     sp, sp, #16
        mov     r3, #0
        str     r3, [fp, #-8]
        mov     r3, #1
        str     r3, [fp, #-12]
        mov     r3, #2
        str     r3, [fp, #-16]
        ldr     r2, [fp, #-12]
        ldr     r3, [fp, #-16]
        add     r3, r2, r3
        str     r3, [fp, #-8]
        ldr     r1, [fp, #-8]
        ldr     r0, .L3
        bl      printf
        mov     r3, #0
        mov     r0, r3
        sub     sp, fp, #4
        pop     {fp, pc}
.L3:
        .word   .LC0
```

同样的代码在 x86 平台上生成的汇编文件如下（这里 GCC 的版本为 8.2）。

```
.LC0:
        .string "1 + 2 = %d"
main:
        push    rbp
        mov     rbp, rsp
        sub     rsp, 16
        mov     DWORD PTR [rbp-4], 0
        mov     DWORD PTR [rbp-8], 1
        mov     DWORD PTR [rbp-12], 2
        mov     edx, DWORD PTR [rbp-8]
        mov     eax, DWORD PTR [rbp-12]
        add     eax, edx
        mov     DWORD PTR [rbp-4], eax
        mov     eax, DWORD PTR [rbp-4]
        mov     esi, eax
        mov     edi, OFFSET FLAT:.LC0
```

```
mov     eax, 0
call    printf
mov     eax, 0
leave
ret
```

如果想要查看生成的二进制代码文件，则可以使用 gcc –c add_test.s –o add_test.o 命令生成目标文件，这里对此不再介绍。

2. 编译型语言迁移方法

如果编译型语言需要从 x86 平台迁移至鲲鹏计算平台，则可以按照以下方式进行编译构建。

（1）开源代码和自研项目的迁移方法

开源代码和自研项目的迁移步骤具体如下。

① 通过公开路径获取源码。如果是开源代码，则可通过 GitHub 或第三方开源社区获取；如果是自研代码，则可从代码仓库中获取。

② 准备编译环境。有时需在服务器上安装基础编译环境（如 GCC）。

③ 使用源码中的 CMakeLists.txt 或 configure 脚本生成 Makefile。

常见的编译脚本有 Makefile、CMakeLists.txt、autogen.sh、bootstrap.sh、configure 等，这些编译脚本主要进行编译环境检测、编译平台属性识别、组织 C/C++源码工程进行自动化的编译等工作。可以简单地认为 Makefile 是一个工程文件的编译规则，包括整个工程的编译和链接等。Makefile 包含哪些文件需要编译、哪些文件不需要编译、哪些文件需要先编译、哪些文件需要后编译、哪些文件需要重建等内容。编译整个工程需要涉及的内容，在 Makefile 中都可以进行描述。换句话说，Makefile 可以使工程的编译变得自动化，不需要每次都手动输入一堆源文件和参数。

④ 执行 Makefile 编译生成可执行程序后，可以使用 make 命令进行编译。

⑤ （可选）如果源码涉及 x86 架构的依赖库，则需要将此类 x86 依赖库替换为 ARM 架构的依赖库。可以重新编译依赖库的源码或在鲲鹏社区下载已有的 ARM 版本的.so 库对原有.so 库进行替换。

一个依赖库就是一个文件，该文件可以在编译时由编译器直接链接到可执行程序中，也可以在运行时由操作系统的运行时环境根据需要动态加载到内存中。一组库就形成了一个发布包。

依赖库有两种：静态库（扩展名为.a、.lib）和动态库（扩展名为.so、.dll）。静态库是一种在程序链接阶段被包含进可执行文件的代码和数据集合。链接器会从静态库中取出程序引用到的函数和数据，并将它们与其他目标代码模块一起链接，形成最终的可执行文件。静态库对应的链接方式称为静态链接。动态库在程序编译时并不会被链接到目标模块中，而是在程序运行时被载入。如果不同的应用程序调用相同的库，那么在内存中只需要有一份该共享库的实例，这规避了空间浪费问题。动态库在程序运行时被载入，解决了程序的更新对静态库带来的麻烦，用户只需要更新动态库即可。

⑥ 将可执行程序安装部署到生产或测试系统中。

在 6.4 节和 6.5 节中，将以 Redis、Nginx 为例，验证编译型语言的迁移方法。

（2）商业闭源软件的迁移方法

针对商业闭源软件，如要做到适配，就需要闭源软件厂商提供适配鲲鹏的版本。如果无法获取到兼容版本，则建议更换其他同类且已完成适配的商用软件或开源软件。

6.2.2 解释型语言迁移过程

接下来讲解解释型语言执行原理及迁移方法。

1. 解释型语言执行原理

解释型语言的源码由编译器生成字节码，由虚拟机解释并执行。下面以 Python 语言为例介绍解释型语言程序的执行步骤，如图 6-4 所示。Python 程序经由 Python 编译器生成字节码（PYC 文件）。Python 库函数是为了执行特定的任务而预定义的函数集合，这些函数被组织成模块和包，包含在 Python 的标准库或者第三方库中。Python 库函数和字节码交由 Python 虚拟机（Python Virtual Machine，PVM）运行。PVM 是 Python 的运行引擎，其会迭代运行字节码指令，将 PYC 文件解释成具体的二进制机器码。这里的 PVM 至关重要，虚拟机会将不同 CPU 指令集的差异屏蔽，因此解释型语言的可移植性很好。

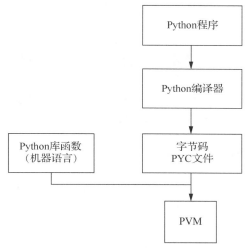

图 6-4　解释型语言程序的执行步骤

从上面的介绍中可以得出一个基本结论：使用纯解释型语言开发的程序，借助鲲鹏计算平台上安装的虚拟机，无须修改程序代码即可完成应用迁移；当程序中涉及其他语言开发的依赖库时，需要对程序进行修改。

2. 解释型语言迁移方法

对于解释型语言编写的程序，从 x86 平台迁移至鲲鹏计算平台上时需要注意两点：一是软件运行环境，如 PVM 需选择鲲鹏适配的版本；二是依赖库，若调用了编译型语言所开发的依赖库，则需要重新编译 AArch64 版本的依赖库。接下来以 Python 代码为例，讲解如何将解释型语言从 x86 平台迁移到鲲鹏计算平台。

将 Python 代码从 x86 平台迁移至鲲鹏计算平台的具体步骤如下。

（1）使用操作系统自带的 Python，或安装兼容鲲鹏 ARM 版本的 Python 软件。目前 Python 2 和 Python 3 有较大差异，Python 开发团队已不再对 Python 2 进行维护与更新（自 2020 年 1 月 1 日开始不提供维护与更新），所以建议直接使用 Python 3 环境。鲲鹏计算平台已经支持通过命令直接安装 Python 3 环境，如 CentOS 可以通过 yum 命令直接安装 Python 3 环境。

（2）设置 Python 执行环境变量。

（3）（可选）编译生成 PYC 文件。PYC 文件是由 PY 文件经过编译后生成的字节码文件，其加载速度相较于 PY 文件有所提高，而且可以实现源码隐藏以及一定程度的反编译。Python 保存了字节码，可以优化启动速度。当用户下一次运行程序时，如果用户在上一次保存字节码之后没有对源码进行修改，则 Python 会加载 PYC 文件并跳过编译步骤。但如果主文件只需要加载一次，且不需要被其他模块导入、引用，则其一般不会生成 PYC 文件。

（4）（可选）迁移外部依赖库。在此步骤中，需要将依赖库替换为鲲鹏 ARM 版本的依赖库或获取源码重新编译。

（5）（可选）更新代码中新的外部依赖库调用代码。因为依赖库可能调用了其他代码，所以这部分代码需要进行更新。

（6）执行 Python 源码程序。

在执行过程中，若出现报错，可检查是否为依赖库引起的问题。

其他类型的解释型语言编写的程序在迁移至鲲鹏计算平台时，可参考 Python 代码迁移的流程及方法。

6.3 应用迁移工具介绍及使用

在应用迁移过程中，若能借助工具，则迁移效率将得到提升。本节介绍鲲鹏代码迁移工具和动态二进制翻译工具，帮助用户更快地进行应用迁移。

6.3.1 鲲鹏代码迁移工具

当用户有 x86 平台上的应用要迁移到基于鲲鹏 916/920 的服务器上时，鲲鹏代码迁移工具可以帮助用户分析可迁移性和迁移投入，也可以自动分析需修改的代码内容，并指导用户如何修改。

1. 鲲鹏代码迁移工具介绍

鲲鹏代码迁移工具能够解决用户代码兼容性未知、人工排查困难、迁移经验欠缺、依赖调试定位、投入工作量大、整体效率低的问题；能够分析待迁移软件源码文件，给出代码迁移指导报告、可迁移性评估及迁移建议，对迁移建议进行分级，对部分等级的迁移建议可实现一键自动替换、修改，从而降低迁移难度，提升迁移效率。该工具仅适用于开发和测试环境，仅支持从 x86 Linux 操作系统到鲲鹏 Linux 操作系统的应用的扫描与分析，暂不支持 Windows 操作系统中应用的扫描、分析与迁移。

2. 鲲鹏代码迁移工具安装步骤

在安装鲲鹏代码迁移工具时，对硬件、运行环境、环境依赖等有一定的要求。要实现代码迁移，需要安装鲲鹏分析扫描工具及鲲鹏代码迁移工具。其中，鲲鹏分析扫描工具用于检测现有代码库中的兼容性问题、性能瓶颈和代码质量问题，为代码迁移提供依据；鲲鹏代码迁移工具用于根据分析扫描工具的分析结果，自动或半自动地将源码转换为目标平台兼容的代码，替换不兼容的 API，并进行必要的代码重构和优化。

（1）鲲鹏分析扫描工具

① 硬件要求。鲲鹏分析扫描工具的硬件要求如表 6-3 所示。

表 6-3　鲲鹏分析扫描工具的硬件要求

硬件类型	硬件要求
服务器	① x86 服务器； ② 基于鲲鹏 916/920 的服务器
CPU	4 核 2.5GHz 及以上（提升多任务并发效率）
内存	系统空闲内存达 8GB 及以上（提升多任务并发效率）

② 环境依赖要求。鲲鹏分析扫描工具的环境依赖要求如表 6-4 所示。

表 6-4　鲲鹏分析扫描工具的环境依赖要求

操作系统	组件	用途
CentOS、EulerOS、openEuler、Red Hat、中标麒麟/麒麟	sudo	Nginx 安装依赖
	expect	Nginx 安装依赖，自动交互脚本
	GCC	Nginx 安装依赖，C/C++编译器
	make	Nginx 安装依赖，构建工具
	zlib	Nginx 安装依赖
	zlib-devel	Nginx 安装依赖
	pcre	Nginx 安装依赖
	pcre-devel	Nginx 安装依赖
	openssl	Nginx 安装依赖
	openssl-devel	Nginx 安装依赖
	unzip	工具安装运行依赖，文件解压工具
	rpm-build	工具安装运行依赖，rpm 包制作管理工具
	rpmdevtools	工具安装运行依赖，rpm 包制作管理工具
	java*-devel	工具安装运行依赖，Java 的开发包
	cpio	工具安装依赖文件
SUSE	sudo	Nginx 安装依赖
	expect	Nginx 安装依赖，自动交互脚本
	GCC	Nginx 安装依赖，C/C++编译器
	make	Nginx 安装依赖，构建工具
	libz1	Nginx 安装依赖
	zlib-devel	Nginx 安装依赖
	libpcre1	Nginx 安装依赖
	pcre-devel	Nginx 安装依赖
	openssl	Nginx 安装依赖
	libopenssl-devel	Nginx 安装依赖

续表

操作系统	组件	用途
SUSE	unzip	工具安装运行依赖，文件解压工具
	rpm	工具安装运行依赖，rpm2cpio 安装包
	cpio	工具安装依赖文件
Ubuntu、Debian、deepin、凝思、UOS	expect	Nginx 安装依赖，自动交互脚本
	GCC	Nginx 安装依赖，C/C++编译器
	make	Nginx 安装依赖，构建工具
	zlib1g	Nginx 安装依赖
	zlib1g-dev	Nginx 安装依赖
	libpcre3	Nginx 安装依赖
	libpcre3-dev	Nginx 安装依赖
	openssl	Nginx 安装依赖
	libssl-dev	Nginx 安装依赖
	unzip	工具安装运行依赖，文件解压工具
	default-jdk	工具安装运行依赖，Java 的开发包
	rpm2cpio	工具安装依赖文件
	cpio	工具安装依赖文件

③ 自带组件。鲲鹏分析扫描工具的自带组件及其用途如表 6-5 所示。

表 6-5　鲲鹏分析扫描工具的自带组件及其用途

操作系统	自带组件	用途
CentOS、EulerOS、openEuler、Red Hat、中标麒麟/麒麟、SUSE、Ubuntu、Debian、deepin、凝思、UOS	python3	工具安装运行依赖，Python 开发运行环境
	sqlite	工具安装运行依赖，数据库
	nginx	工具安装运行依赖，Web 服务器
	django	工具安装运行依赖，Web 应用框架
	cmake	工具安装运行依赖，自动化构建系统

（2）鲲鹏代码迁移工具

鲲鹏代码迁移工具的要求可以参考鲲鹏开发套件兼容性的说明。满足要求后，即可开始安装迁移工具。这里以在 CentOS 操作系统中安装鲲鹏代码迁移环境为例进行介绍，其他操作系统环境中的安装方法与之相似。鲲鹏代码迁移环境的安装包括安装鲲鹏代码迁移工具、安装汇编依赖文件和安装弱内存序依赖文件（可选）。

① 安装鲲鹏代码迁移工具。

a. 使用 SSH 远程登录工具，将获取的鲲鹏代码迁移工具安装包（Porting-advisor_x.x.x_x86_64-linux.tar.gz）复制到自定义路径下。

b. 使用 SSH 远程登录工具，进入 CentOS 操作系统命令行界面。

c. 执行以下命令，进入保存鲲鹏代码迁移工具安装包的自定义路径。

```
cd 自定义路径
```

d. 执行以下命令，解压鲲鹏代码迁移工具安装包（其中，"x.x.x"表示版本号，实际操作中需用实际版本号代替）。

```
tar -zxvf Porting-advisor_x.x.x_x86_64-linux.tar.gz
```

e. 执行以下命令，进入解压后的鲲鹏代码迁移工具安装包目录（其中，"x.x.x"表示版本号，实际操作中需用实际版本号代替）。

```
cd Porting-advisor_x.x.x_x86_64-linux
```

f. 鲲鹏代码迁移工具的安装分为 Web 模式安装和 CLI 模式安装。

（a）对于 Web 模式，可以执行以下命令安装鲲鹏代码迁移工具。

```
./install web
```

在安装过程中，需要配置工具安装目录，默认为/opt；配置 Web 服务器的 IP 地址，需要手动输入当前服务器的 IP 地址；配置超文本传输安全协议（Hypertext Transfer Protocol Secure，HTTPS）端口，默认为 8084。系统会显示以下配置信息。

```
Checking ./Porting-advisor_x.x.x_x86_64-linux ...
Installing ./Porting-advisor_x.x.x_x86_64-linux ...
Enter the installation path. The default path is /opt:
Ip address list:
sequence_number      ip_address        device
[1]                  10.254.206.190    eth0
Enter the sequence number of listed ip as web sever ip:1
Set the web server IP address 10.254.206.190
Please enter HTTPS port(default: 8084):
The HTTPS port 8084 is valid. Set the HTTPS port to 8084(y/n default: y):y
Set the HTTPS port 8084
Please enter tool port(default: 7998):
The tool port 7998 is valid. Set the tool port to 7998(y/n default: y):y
Set the tool port 7998
……
The GCC version is earlier than 7.3.0. Do you want to install the dependencies
for pure assembly? (y/n default:y)y
……
Porting web console is now running, go to:http://10.254.206.190:8084.
Successfully installed the Kunpeng Porting Advisor in /opt/portadv/.
```

当系统进入图 6-5 所示的界面时，表示该工具安装成功。

图 6-5　工具安装成功界面

（b）对于 CLI 模式，可以执行以下命令安装鲲鹏代码迁移工具。

```
./install cmd
```

系统会显示以下配置信息。

```
Checking ./Porting-advisor_x.x.x_x86_64-linux ...
Installing ./Porting-advisor_x.x.x_x86_64-linux ...
Enter the installation path. The default path is /opt:
cmd/
cmd/logs/
cmd/bin/
cmd/bin/makefile_parser
......
The GCC version is earlier than 7.3.0. Do you want to install the dependencies
for pure assembly? (y/n default:y)y
......
Successfully installed the Kunpeng Porting Advisor in /opt/portadv/tools.
```

② 安装汇编依赖文件。

a. 在系统联网的环境下，进入/opt/portadv/tools/all_asm/bin 目录，执行以下命令后，依赖文件将自动添加到 all_asm 的 lib 目录下。

```
bash addAsmLibraries.sh
```

b. 在系统未联网的环境下，需要手动将以下基于服务器架构的 rpm 包添加到/opt/portadv/tools/all_asm/tmp/rpm 目录下，再进入/opt/portadv/tools/all_asm/bin 目录执行以下命令。

```
bash addAsmLibraries.sh
```

需要注意的是，在安装过程中，/opt/portadv 为默认安装目录，要根据实际情况替换。

③ 安装弱内存序依赖文件（可选）。

弱内存序依赖文件通常包括对特定指令执行顺序的约束，用来保证程序在多核处理器上能够正确运行。

a. 在系统联网的环境下，进入 opt/portadv/tools/weakconsistency/staticcodeanalyzer 目录，执行以下命令后，依赖文件会自动添加到/home/porting/lib 目录下。

```
bash ./add_libraries.sh
```

b. 在系统未联网的环境下，需要先手动将 deb 包或 rpm 包上传到服务器任意目录（如/home）下，然后进入 opt/portadv/tools/weakconsistency/staticcodeanalyzer 目录，执行以下命令[其中，-t 选项（可选）用于安装某一个特定的动态库，默认全部安装；/home 为上述的任意目录]。

```
bash ./add_libraries.sh -d /home [-t libstdc++/libtinfo]
```

6.3.2 动态二进制翻译工具

指令到指令动态编译通过动态二进制翻译技术来实现。动态二进制翻译技术是一种即时编译技术，其将针对源架构编译生成的二进制代码（源二进制机器码）动态翻译为可以在目标架构上运行的代码（翻译码）。二进制指令翻译是业界解决跨芯片体系软件兼容问题的必选方案之一，Intel、Apple 等公司都采用了此类解决方案。

1. 动态二进制翻译工具介绍

一些有源码的 x86 应用可以通过源码移植方式从 x86 平台迁移至 ARM 平台；而无源码的 x86 应用可以通过指令到指令动态编译的方式，屏蔽底层平台差异，低成本地进行平滑迁移。有源码和无源码的 x86 应用的软件迁移策略如图 6-6 所示。

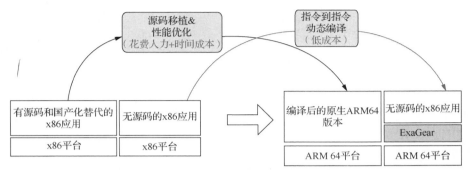

图 6-6　有源码和无源码的 x86 应用的软件迁移策略

针对将无源码的 x86 应用迁移至 ARM 平台上，华为推出了一款动态二进制翻译工具——ExaGear。ExaGear 运行在 ARM 64 平台上，将 x86 的指令在运行时翻译为 ARM 64 指令并执行，使得绝大部分 Linux on x86 应用无须重新翻译即可运行在 ARM 64 平台上，以低成本、快速地迁移 Linux on x86 应用到 ARM 64 平台上。

ExaGear 安装完成后会产生两个组件：指令翻译引擎和 x86 运行环境。

（1）指令翻译引擎

ExaGear 的指令翻译引擎是一个"中间件"软件解决方案，位于 x86 应用与 ARM 架构服务器之间。当 x86 应用启动时，ExaGear 的指令翻译引擎 Virtual Engine 会接管 x86 应用的运行，使用二进制翻译技术将它们转换为兼容 ARM 的代码后再执行。对最终用户而言，整个过程是简易且透明的。

（2）x86 运行环境

x86 运行环境是 ExaGear 创建的一个包含所有标准库、实用程序、配置文件的 x86 应用执行环境，其确保了 x86 应用程序运行所需的基础设施组件的可用性。从技术角度讲，x86 运行环境是一个特定的文件目录，如图 6-7 所示。x86 应用程序的二进制文件也必须存放于 x86 运行环境中。

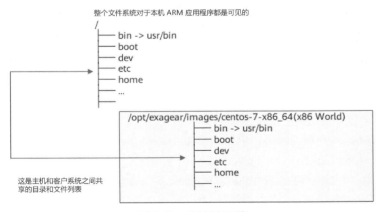

图 6-7　x86 运行环境

2. 动态二进制翻译工具安装及使用

ExaGear for Server 是鲲鹏开发套件提供的动态二进制翻译工具，为用户提供了一个虚拟的 x86 Linux OS 环境，支持运行 Linux on x86 应用程序，部署运行在 ARM 64 Linux OS 上。这里主要介绍 ExaGear for Server 的基本操作和使用，包括 ExaGear for Sever 的获取、安装、运行，以及 Linux on x86 应用程序在 ExaGear 上的安装和运行。

（1）获取 ExaGear for Server 安装包

从鲲鹏社区可以获取 ExaGear 软件包。

（2）安装 ExaGear for Server

运行在 ARM 64 平台上的 Linux OS 的页大小主要有 4kB 和 64kB 两种，针对不同的页大小，ExaGear 提供了对应版本的翻译引擎。这里以 CentOS 7.6 为例进行介绍。

① 执行 getconf 命令，查询系统的页大小。

```
getconf PAGE_SIZE
```

a. 如果输出结果是 4096，则代表当前操作系统的页大小为 4kB。在这种情况下，需安装 4kB 页版本相关的发布件，包含以下安装包。

（a）exagear-core-x32a64-<package_version>.aarch64.rpm。

（b）exagear-core-x64a64-<package_version>.aarch64.rpm。

（c）exagear-guest-centos-7-x86_64-<package_version>.noarch.rpm。

（d）exagear-integration-<package_version>.noarch.rpm。

（e）exagear-utils-<package_version>.noarch.rpm。

b. 如果输出结果是 65536，则代表当前操作系统的页大小为 64kB。在这种情况下，需安装 64kB 页版本相关的发布件，包含以下安装包。

（a）exagear-core-x64a64-p64k-<package_version>.aarch64.rpm。

（b）exagear-guest-centos-7-x86_64-<package_version>.noarch.rpm。

（c）exagear-integration-<package_version>.noarch.rpm。

（d）exagear-utils-<package_version>.noarch.rpm。

接下来以操作系统的页大小为 64kB 为例进行演示。

② 执行以下命令，安装 ExaGear。

```
sudo rpm -ivh exagear-utils-<package_version>.noarch.rpm exagear-core-x64a64-
p64k-<package_version>.aarch64.rpm exagear-guest-<package_version>.noarch.rpm
exagear-integration-<package_version>.noarch.rpm
```

至此，ExaGear 的指令翻译引擎、x86 运行环境，以及工具套件已完成部署与安装。

（3）运行 guest 系统

① 执行 exagear 命令，即可启动一个 x86 shell（也称为 guest shell），进入虚拟的 x86 OS 环境。

```
exagear
```

结果显示为"Starting /bin/bash in the guest image /opt/exagear/images/<guest_system_version>"。其中，<guest_system_version>表示 ExaGear Server 的 guest 系统版本，这里用 centos-7-x86_64 举例表示，实际显示内容和命令执行根据 ExaGear Server 的 guest 系统版本的不同而有所不同。

② 可以使用 arch 命令查看现在系统所处的环境。

```
arch
```

如果结果显示为 x86_64，则说明现在系统所处的环境是 x86 运行环境，根目录在 host 系统中的绝对路径为/opt/exagear/images/<guest_system_version>。

在此环境中，guest shell 的运行情况和在 x86 平台上一样。如果要退出 guest 系统环境，则执行 exit 命令即可。

（4）安装 Linux on x86 应用程序

x86 应用程序以及依赖库的安装等需要在 guest 系统中进行。推荐使用 yum 工具安装 x86 应用。使用 yum 工具时，首先要配置 yum 源，而 yum 源需要在进入 guest 系统后进行配置，相关操作和在 x86 运行环境中的操作一样。

① 执行 exagear 命令，进入 guest 系统，这里以安装 x86 的 Nginx 为例进行介绍。Nginx 是一款高性能的开源 Web 服务器软件，特点是占用内存少，并发能力强。

```
exagear
```

此时，结果显示为 "Starting /bin/bash in the guest image /opt/exagear/images/centos-7-x86_64"。

② 使用 yum 命令安装 x86 应用程序。

```
sudo yum update
sudo yum install epel-release
sudo yum install nginx
```

在 guest 系统中安装 x86 应用程序时，如果 guest 系统中查看到的路径是/path/to/binary，则 host 系统中的实际路径是/opt/exagear/images/<guest_system_version>/path/to/binary。例如，guest 中 Nignx 的路径是/usr/sbin/nginx，而 host 系统中 Nginx 的实际路径是/opt/exagear/images/<guest_system_version>/usr/sbin/nginx。

（5）运行 Linux on x86 应用程序

x86 应用程序安装完成后，在 guest 和 host 系统中均可运行。

① 在 guest 系统中，可以执行 exagear 命令启动 guest shell，并运行任何 x86 应用程序，运行方式和在 x86 系统中的一样。例如：

```
exagear
```

结果显示为 "Starting /bin/bash in the guest image /opt/exagear/images/centos-7-x86_64"。

```
which nginx
```

结果显示为 "/usr/sbin/nginx"。

② host 系统中有以下两种选择。

a. 在同一行中输入 exagear -- 命令和 guest 系统内部的 x86 应用程序路径。例如：

```
exagear -- /usr/sbin/nginx -h
```

b. 输入 x86 应用程序二进制文件的完整路径。该文件位于一个特定的目录/opt/exagear/images/<guest_system_version>，即 x86 运行环境中。例如：

```
/opt/exagear/images/centos-7-x86_64/usr/sbin/nginx -h
```

6.4 Redis 迁移

本节和 6.5 节将以 Redis 和 Nginx 为例，介绍编译型语言的迁移方法。本节先对 Redis 进行简单的功能介绍，再描述其迁移步骤。

6.4.1 Redis 简介

Redis 是一个使用 ANSI C 语言编写的开源键值对内存数据库系统，Redis 支持字符串、列表、集合和有序集合等数据类型，并提供多种语言的 API。

Redis 在 Web 应用中常用来缓存应用会话（Session）信息。操作系统中有进程和线程两个概念，其中进程是资源分配的最小单位，线程是 CPU 调度的最小单位。同一进程内的线程可以共享进程内的变量信息，但是不同进程之间共享数据只能通过数据库和磁盘完成。当业务流量较大时，为了保证应用能够支撑大并发，通常会将应用部署在不同的服务器节点上均摊负载。同一个应用在不同的服务器节点上启动时，从操作系统层面来看，同时存在多个应用进程，运行在不同服务器节点上的应用进程之间无法共享信息。例如，用户小明发送登录请求到应用节点 A，应用节点 A 完成了登录相关的权限校验工作；接下来用户小明在前端界面进行编辑个人信息操作，当他提交信息表单后，后端应用代码进行个人信息更新，此部分个人信息处理请求可能发送到应用节点 B 完成。考虑到数据安全，前端发送个人信息处理请求时可能不会在请求中携带用户会话信息。此时，想要各个应用节点都能共享到用户信息，可以将登录后的权限验证内容存入 Redis 中。在企业中，为了保证 Redis 的可靠性，通常会建立 Redis 集群作为缓存集群。常见应用架构中缓存集群所在的位置如图 6-8 所示。

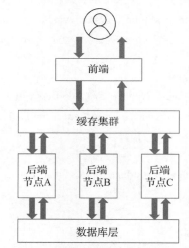

图 6-8　常见应用架构中缓存集群所在的位置

Redis 具有以下优点。

（1）可以用来实现分布式锁功能。利用分布式技术能够增加应用架构的并发程度，但是也会遇到一些挑战，尤其是对同一个资源进行并发访问时，需要利用锁机制管理资源的读写权限。

（2）可以保存热点数据，减轻应用服务器和数据库的负担。

（3）能够保存多种类型的数据，可以作为数据库的缓存层。例如，一些报表数据需要花费一定的时间计算，可在每天的业务低峰期进行分析统计，并将结果输出至 Redis 中。

（4）Redis 在互联网企业中的应用非常广泛，其凭借优秀的性能，解决了大规模数据集合、多重数据种类和多种应用架构组合使用所带来的问题，尤其在数据分析、超大规模业务实现、数据存储等领域中发挥了重要作用。

鲲鹏社区内 Redis 相关软件的版本会持续更新。本书的项目案例使用 Redis 实现了会话缓存功能。

6.4.2　Redis 迁移步骤

Redis 迁移步骤如下。

（1）执行如下命令，获取 Redis 源码，并使用 tar –zxvf 命令对其进行解压。

```
wget https://download.redis.io/releases/redis-6.2.3.tar.gz
tar -zxvf nginx-1.3.13.tar.gz
```

（2）执行如下命令，进入 deps 目录。注意，版本号要与实际安装的 Redis 的版本号一致。

```
cd Redis-4.0.9/deps
```

（3）执行如下命令，编译 Redis 依赖库。

```
make -j4 hiRedisluajemalloclinenoise
```

（4）依次执行如下命令，编译 Redis。

```
cd ..
make -j4
make install
```

（5）配置编译好的软件。执行如下命令，建立 Redis 配置文件。

```
cp Redis.conf /usr/local/etc/
```

（6）执行如下命令，打开 Redis 的配置文件，将 Redis 设置为后台启动。

```
vim /usr/local/etc/Redis.conf
```

将 daemonize no 改为 daemonize yes，如图 6-9 所示。Redis 在默认情况下是以非守护进程模式运行的，即只要在 Linux 上进行了其他操作，如使用 exit 命令强制退出，或者关闭连接工具（PuTTY/Xshell）等，都会导致 Redis 进程退出，从而造成使用上的不便。为了解决这个问题，需要将 Redis 服务端配置为在后台运行，即以守护进程模式启动。当在 Redis.conf 配置文件中将 daemonize 属性值设置为 yes 时，代表开启守护进程。

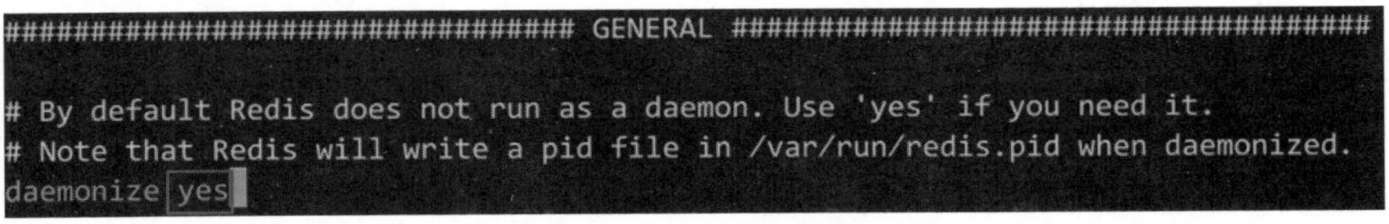

图 6-9　将 daemonize no 改为 daemonize yes

（7）设置 Redis 开机启动。

① 执行如下命令，将 Redis 启动脚本放置在/etc/init.d/目录下，并将其命名为 Redis。

```
cp Redis-4.0.9/utils/Redis_init_script /etc/init.d/Redis
```

② 执行如下命令，修改脚本内容。

```
vim /etc/init.d/Redis
```

修改的内容如图 6-10 所示。

③ 执行如下命令，设置 Redis 开机自启动。

```
chkconfigRedis on
```

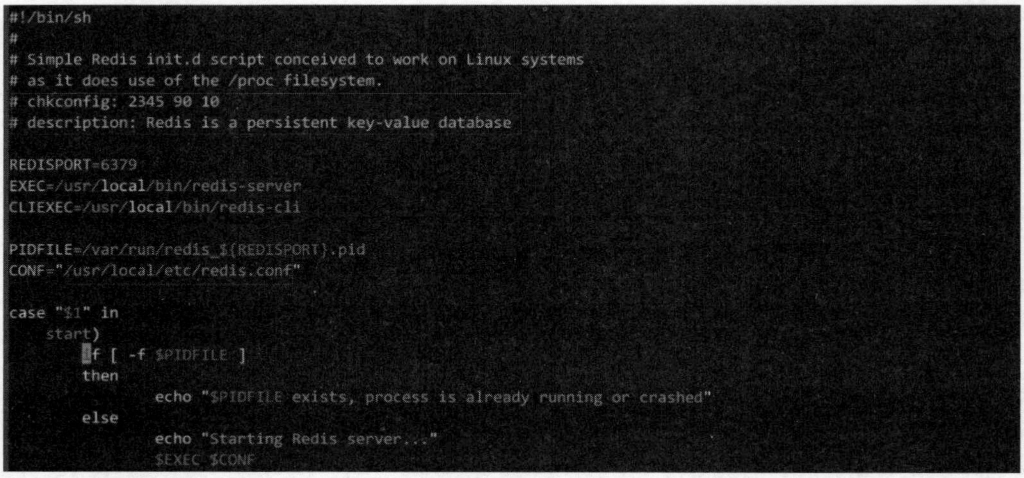

```
#!/bin/sh
#
# Simple Redis init.d script conceived to work on Linux systems
# as it does use of the /proc filesystem.
# chkconfig: 2345 90 10
# description: Redis is a persistent key-value database

REDISPORT=6379
EXEC=/usr/local/bin/redis-server
CLIEXEC=/usr/local/bin/redis-cli

PIDFILE=/var/run/redis_${REDISPORT}.pid
CONF="/usr/local/etc/redis.conf"

case "$1" in
    start)
        if [ -f $PIDFILE ]
        then
                echo "$PIDFILE exists, process is already running or crashed"
        else
                echo "Starting Redis server..."
                $EXEC $CONF
```

图 6-10　修改的内容

（8）测试已完成编译的软件。

执行如下命令，查看 Redis 的版本。

```
Redis-server -v
```

系统会显示如下类似信息，表示 Redis 的版本是 4.0.9。

```
[root@localhost Redis-4.0.9]#Redis-server -v
Redis server v=4.0.9 sha=00000000:0 malloc=jemalloc-4.0.3 bits=64 build=
1e80e86f2ae3f0d8
```

执行如下命令，查看 Redis 的 CLI 版本。

```
Redis-cli -v
```

系统会显示如下类似信息，表示 Redis 的 CLI 版本是 4.0.9。

```
Redis-cli 4.0.9
```

执行如下命令，启动 Redis-server。

```
service Redis start
```

系统会显示如下类似信息，表示 Redis 启动完成。

```
Starting Redis server...20525:C 19 Jun 20:43:25.941 #oO0OoO0OoO0Oo Redis is
starting oO0OoO0OoO0Oo20525:C 19 Jun 20:43:25.941 #Redis version=4.0.9, bits=64,
commit=00000000, modified=0, pid=20525, just started 20525:C 19 Jun 20:43:25.941
#Configuration loaded
```

执行如下命令，使用 Redis-cli 连接本地 Redis 客户端，并执行键值对数据的操作请求。

```
[root@localhost Redis-4.0.9]# Redis-cli        //连接本地 Redis 客户端
127.0.0.1:6379> set huawei Kunpeng             //将 Kunpeng 的值赋值给 huawei 键
OK
127.0.0.1:6379> get huawei                     //使用 get 命令获取 huawei 键保存的值
"Kunpeng"
127.0.0.1:6379> del huawei                     //使用 del 命令删除对应键值对
(integer) 1
```

```
127.0.0.1:6379> get huawei
(nil)
```

出现以上回显信息时，表示 Redis 的数据基本操作已经可以正常进行。

6.5 Nginx 迁移

Nginx 是一个高性能的、轻量级的 HTTP 和反向代理 Web 服务器，本节将讲解如何在鲲鹏计算平台上使用 Nginx 实现应用迁移。

6.5.1 Nginx 简介

互联网项目对 Web 应用的并发能力要求很高，这需要使用相应的技术或工具来满足要求。Nginx 占用内存少，并发能力强，在同类型 Web 服务器中表现突出。通常可以使用 Nginx 实现反向代理和负载均衡的功能。

1. 反向代理

反向代理是指用户提交一个应用请求，由 Nginx 节点将请求转发给集群中承担实际计算、业务任务的节点，这样用户无须关注实际承担计算的主机 IP 地址、端口或证书配置等信息，这些信息对于用户来说都是透明的，由 Nginx 统一管理。

2. 负载均衡

负载均衡可以分为以下两种情况。

（1）当一个应用以集群方式部署时，Nginx 可以通过配置文件对集群的负载进行配置，默认采用轮询机制，也可以根据计算节点的性能设置权值，发挥集群硬件性能。

（2）当一台服务器上部署了多个应用时，Nginx 可以通过不同的路由设置，使得共用 HTTP/HTTPS 默认的 80 端口的应用能够通过路由配置找到对应的服务端口。

例如，前端应用运行在某台服务器的 6666 端口，后端应用运行在同一台服务器的 8888 端口，它们统一通过 Nginx 对外提供服务。当用户使用 HTTP/HTTPS 访问前端（http://test.com.cn/admin/index.html）或者后端应用（http://test.com.cn/api/addUser）时，先通过 80 或 443 端口进入服务器，再由 Nginx 的路由设置/admin 或/api，找到前端或后端实际启动的服务端口，并将真实用户请求转发给对应的服务来执行业务处理。

6.5.2 Nginx 迁移环境

Nginx 迁移对云主机、操作系统、软件等环境有一定的要求，Nginx 迁移所需环境如表 6-6 所示。

表 6-6 Nginx 迁移所需环境

类别	子项	版本	获取地址（方法）
云主机	硬件配置： 2vCPUs | 7GB	rc3.large.4	
OS	openEuler	7.5	
	Kernel	4.14.0-49.el7a.aarch64	系统提供

续表

类别	子项	版本	获取地址（方法）
软件	GCC	7.3.0	系统源安装
	Nginx	1.3.13	http://nginx.org/download/nginx-1.3.13.tar.gz
	GNU make	3.82	系统源安装
	Perl	5.16.3	系统源安装
	Ncurses	5.9	系统源安装
	zlib	1.2.7	系统源安装
	libxml2	2.9.1	系统源安装
	OpenSSL	1.0.2k	系统源安装

6.5.3　Nginx 迁移步骤

在鲲鹏计算平台上安装 Nginx 可以参照以下步骤，也可以使用华为云提供的镜像服务。

（1）安装系统所需依赖。在鲲鹏计算平台上安装所需要的工具和依赖库，命令如下。

```
yum install gccgcc-c++ opensslopenssl-develcmakezlibzlib-devel libxml2 libxml2-
devel gd-develreadlinereadline-develncursesncurses-develperl-devel
```

（2）获取 Nginx 源码。Nginx 是开源软件，可以直接从官网获取源码。使用 wget 命令从官网下载 Nginx 源码压缩包，并使用 tar 命令，结合-z 选项，对.gz 压缩格式的.tar 包进行解压，命令如下。

```
wget http://nginx.org/download/nginx-1.3.13.tar.gz
tar -zxvf nginx-1.3.13.tar.gz
```

使用 cd 命令进入 Nginx 源码包的解压目录，命令如下。

```
cd nginx-1.3.13
```

（3）生成 Makefile 文件并执行编译安装，命令如下。

```
./configure --prefix=/usr/local/nginx
make && make install
```

（4）编译安装后进行验证，命令如下。安装结束后，需要配置环境变量或创建软链接，使得操作系统能够找到 Nginx 可执行文件的正确路径。ln 为创建链接文件的命令，链接文件是方便操作系统中多个用户共享程序和文件所使用的一种方式。-s 表示创建的为软链接，与之对应的是硬链接。

```
ln -s /usr/local/nginx/sbin/nginx /usr/local/bin/nginx
```

启动并测试 Nginx，命令如下。

```
nginx -v  //查看 Nginx 版本，如果有版本信息回显，则表明安装成功
nginx     //启动 Nginx
```

使用 ps 命令查看 Nginx 进程，命令如下。

```
ps -ef |grep nginx
```

通过控制台输出的 Nginx 进程运行信息查看进程的结果，表示 Nginx 服务正确启动的信息如图 6-11 所示。

```
[root@ecs-arm-wptest03 /]# ps  -ef |grep nginx
root      8886      1  0 16:44 ?        00:00:00 nginx: master process nginx
nobody    8887   8886  0 16:44 ?        00:00:00 nginx: worker process
root      8889  28569  0 16:44 pts/0    00:00:00 grep --color=auto nginx
```

图 6-11　Nginx 服务正确启动

使用 curl 命令在服务器本地测试 Nginx，命令如下。

```
curl 127.0.0.1:80
```

若返回 "Welcome to nginx!"，则说明 Nginx 迁移安装成功，能够适配鲲鹏计算平台。

6.6　迁移常见问题

在应用迁移过程中，可能会遇到一些问题。本节将总结迁移过程中可能出现的问题，分析其出现的原因，提供相应解决思路。

6.6.1　C/C++语言 char 型变量默认符号不一致问题

不同的 CPU 采用了不同的指令集，有不同的微架构设计，这导致即使是加减乘除的计算单元实现也会略有区别，由 CPU 差异所造成的数据类型区别是存在的。

鲲鹏及 x86 平台中 char 数据类型的输出差异如图 6-12 所示，其中，鲲鹏弹性云服务器表示鲲鹏计算平台，x86 弹性云服务器表示 x86 平台。对于相同的代码，在鲲鹏计算平台中，char 默认为 unsigned char 类型，所以当 ch 的值为-1 时，输出的值为-1 对 256 取模的结果，即 255；而在 x86 平台中，char 默认为 signed char 类型，输出的值为-1。

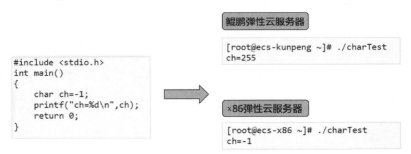

图 6-12　鲲鹏及 x86 平台中 char 数据类型的输出差异

以上不同平台的差异会导致编译时发生如下问题。

1. 问题现象

在编译 C/C++代码时遇到如下提示：warning: comparison is always false due to limited range of data type。

2. 原因分析

char 型变量在不同 CPU 架构下默认符号不一致，在 x86 平台为 signed char（有符号变量），在鲲鹏计算平台为 unsigned char（无符号变量），迁移时需要指定 char 型变量为 signed char。

3. 解决思路

（1）在编译选项中加入 "-f signed-char" 选项，指定 ARM 64 平台上的 char 型变量为有符号变量。

（2）将 char 类型直接声明为 signed char 类型。

6.6.2 弱内存序导致程序执行结果与预期不一致问题

内存序即 CPU 访问内存的顺序。例如：

```
x = 1
y = 2
z = x + y
```

对于以上代码，强内存序的机器会严格按照代码顺序执行：x=1，y=2，z=x+y。但是，弱内存序的机器有可能会这样执行：y=2，x=1，z=x+y。从代码来看，x =1 和 y=2 之间没有逻辑依赖关系，它们的执行顺序对结果不会有影响，CPU 或编译器会自动进行一些优化。根据现代 CPU 结构的设计，指令执行流水线的重新排序或乱序执行可能会带来性能的提升。

如果以上 x、y、z 的值需要在多个 CPU 中共享，则使用弱内存序可能会出现问题。

1. 问题现象

鲲鹏计算平台采用弱内存序，同一份数据在高速缓冲存储器中会保存多份，需要 CPU 之间进行同步，以保证高速缓冲存储器数据的一致性。数据同步如图 6-13 所示。

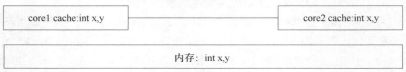

图 6-13 数据同步

如果不采取数据同步，则可能出现代码编写顺序和执行顺序不同的情况，代码如下。

```
int x = 0;
int y = 0;
x = 1;
y = 1;
```

CPU1 上可能的执行顺序与预期不一致，如：

```
y = 1; //y=1 先执行
x = 1;
```

如果 CPU2 也会用到 x、y 的值，那么 CPU2 上的线程在执行以下逻辑时可能会出现错误。

```
if (y == 1){
    assert(x == 1)
}
```

2. 原因分析

对于 CPU1 来说，在执行到 x=1 时，如果 x 在内存中，那么 CPU1 会等待 x 导入高速缓冲存储器。在等待的过程中，如果 y 已经在高速缓冲存储器中，那么 CPU1 会执行 y=1，这样就会导致后面的语句先执行。

对于 CPU2 来说，y=1 成立，执行 assert(x==1)会发生错误。assert()的作用是断言，可用于调试。这里断言 x 为 1，而此时从 CPU1 同步过来的 x 等于 0，在执行到 assert(x==1)时就会发生错误。

3. 解决思路

可以使用内存屏障指令保证对共享数据的访问和预期一致。CPU 内存屏障分为 3 种：读内存屏障、写内存屏障以及读写内存屏障。读内存屏障的作用是让本线程之后所有的读操作均在本条指令以后执行，写内存屏障的作用是让本线程之前所有的写操作均在本条指令以前执行，读写内存屏障同时具备读内存屏障和写内存屏障的功能。

在如下代码中，加入写内存屏障，保证写操作有序。

```
int x = 0;
int y = 0;
x = 1;
smp_wmb();              //加入写内存屏障，等待 x=1 执行完成
y = 1;
```

在如下代码中，加入读内存屏障，保证读操作有序。

```
if (y == 1){
    smp_rmb();      //加入读内存屏障，保证读的数据是最新的
    assert(x == 1);
}
```

6.6.3 编译错误：无法识别-m64 编译选项

编译选项差异造成的编译错误是用户在迁移中可能最先遇到的问题，也是常见问题之一。编译器的主要作用之一是将使用高级编程语言编写的代码，编译成操作系统能识别的文件/数据结构、CPU 能识别的指令。因此，编译器与操作系统、CPU 的联系非常紧密。为了提升性能、充分利用CPU 计算的每一个时钟周期，用户通常希望编译器能理解使用的是什么 CPU，以及程序是 32 位的还是 64 位的等，因此出现了丰富的编译选项。因 x86 和鲲鹏两个平台的差异，可能会出现如下问题。

1. 问题现象

在编译 C/C++代码时遇到如下提示：gcc: error: unrecognized command line option '-m64'。

2. 原因分析

-m64 是 AMD 的 CPU 为了实现编译 64 位程序所增加的选项，在鲲鹏计算平台上无法得到支持。

3. 解决思路

将鲲鹏计算平台对应的编译选项设置为-mabi=lp64，并重新编译即可。

6.6.4 双精度浮点型数据转整型数据时溢出问题

C/C++双精度浮点型数据转整型数据时，如果超出了整型数据的取值范围，则鲲鹏计算平台的表现与 x86 平台的表现不同。

1. 问题现象

双精度浮点型数据转整型数据在鲲鹏计算平台与 x86 平台上的差异如图 6-14 所示，变量 aa 的值 0x7FFFFFFFFFFFFFFF 是 long 型变量所能表示的最大值，将该变量乘以 10 转为 double 类型，再转回整型时，x86 平台保留的值是 0x8000000000000000，这是因为 x86 架构处理溢出的方式导致数值从正数最大值溢出到负数最小值，即 bb 的值变为-9223372036854775808，而鲲鹏计算平台中的值依然是最初的 0x7FFFFFFFFFFFFFFF，即 64 位整数的最大值 9223372036854775807。

137

```
long aa = (long)0x7FFFFFFFFFFFFFFF;
long bb;
bb = (long)(aa*(double)10); // long->double->long
// x86      : aa=9223372036854775807, bb=-9223372036854775808
// Kunpeng :aa=9223372036854775807, bb=9223372036854775807
```

图 6-14   双精度浮点型数据转整型数据在鲲鹏计算平台与 x86 平台上的差异

2. 原因分析

这两个平台使用了两套 CPU 架构，其中 ALL1 的实现可能会有差异，且操作系统、编译器的实现都会有所不同。例如，x86（指令集）中的浮点型数据向整型数据转换的指令定义了一个 indefinite integer value（不确定的整数值），其 64 位的二进制数为 0x8000000000000000，大多数情况下 x86 平台都遵循该原则。但是，在从双精度浮点型向无符号整型转换时，会出现不同的结果。鲲鹏计算平台对此的处理非常清晰和简单，在上溢出或下溢出时，保留整型能表示的最大值或最小值，开发人员并不会面对不确定或无法预期的结果。

3. 解决思路

经过多次测试，最终得出的数据类型转换结果如表 6-7～表 6-10 所示。后续如遇到该问题，可以参考以下数据转换表格调整代码。

表 6-7   双精度浮点型数据向长整型转换

CPU	双精度浮点型值	转为长整型变量保留值	说明
x86	正值超出长整型范围	0x8000000000000000	不确定数值
x86	负值超出长整型范围	0x8000000000000000	不确定数值
鲲鹏	正值超出长整型范围	0x7FFFFFFFFFFFFFFF	长整型变量赋值的最大的正数
鲲鹏	负值超出长整型范围	0x8000000000000000	长整型变量赋值的最小的负数

表 6-8   双精度浮点型数据向无符号长整型转换

CPU	双精度浮点型值	转为无符号长整型变量保留值	说明
x86	正值超出长整型范围	0x0000000000000000	长整型变量赋值最小值 0
x86	负值超出长整型范围	0x8000000000000000	不确定数值
鲲鹏	正值超出长整型范围	0xFFFFFFFFFFFFFFFF	无符号长整型变量赋值最大值
鲲鹏	负值超出长整型范围	0x0000000000000000	无符号长整型变量赋值最小值

表 6-9   双精度浮点型数据向整型转换

CPU	双精度浮点型值	转为整型变量保留值	说明
x86	正值超出整型范围	0x0000000000000000	长整型变量赋值最小值 0
x86	负值超出整型范围	0x8000000000000000	不确定数值
鲲鹏	正值超出整型范围	0xFFFFFFFFFFFFFFFF	无符号长整型变量赋值最大值
鲲鹏	负值超出整型范围	0x0000000000000000	无符号长整型变量赋值最小值

表 6-10　双精度浮点型数据向无符号整型转换

CPU	双精度浮点型值	转为无符号整型变量保留值	说明
x86	正值超出无符号整型范围	双精度浮点型整数部分对 2^{23} 取余	无符号整型变量赋值最小的负数
x86	负值超出无符号整型范围	双精度浮点型整数部分对 2^{23} 取余	无符号整型变量赋值最小的负数
鲲鹏	正值超出无符号整型范围	0xFFFFFFFF	无符号整型变量赋值最大的正数
鲲鹏	负值超出无符号整型范围	0x00000000	无符号整型变量赋值最小的负数

6.7　本章练习

1. 简述典型的计算技术栈的层次结构。
2. 简述编译型语言和解释型语言的迁移过程。

第7章
应用部署

07

学习目标

- 了解应用部署的基本概念。
- 了解在虚拟机和容器上部署应用的方式。

在互联网发展初期，网站或业务的规模较小，数据库、应用系统等可以部署在一台服务器上，即采用单节点部署方式。随着网站业务的不断发展，普通的单台服务器无法满足需求。例如，对于一个论坛网站，随着访问它的用户逐渐变多，会超出服务器的响应能力，服务器性能下降，用户体验不佳；或者由于应用和数据库部署关系的紧耦合，当数据库占用服务器过多硬件资源时，也会导致应用服务无法运行，这时需要考虑将应用和数据分离。在将应用和数据分离后，网站可以使用多台服务器，如应用服务器、数据库服务器，形成多节点部署。

本章将以鲲鹏招聘系统为例，介绍如何在多节点上进行业务分布式部署，并分别介绍如何在虚拟机和容器上部署应用。

7.1 应用部署介绍

应用程序开发完成后，需要进行部署、安装。部署环境可以按照用途和载体分类。

1. 按照用途分类

部署环境按照用途一般可分为3类：开发环境、测试环境和生产环境。

（1）开发环境

开发环境指的是专门提供给程序开发人员用于开发的服务器，是最基础的部署环境，其配置相比生产环境会更精简。

（2）测试环境

测试环境的各类配置一般与生产环境保持一致，由测试工程师进行代码测试。同一个应用的测试环境可能会有多套，分别用于不同版本的验证。应用只有在测试环境中通过了功能及性能测试后，才能部署到生产环境中，完成版本的发布。

（3）生产环境

生产环境是指正式对外提供服务的环境，只有将应用部署在生产环境中，用户才能真正使用该应用。开发团队在开发环境中完成源码的编写工作后，会自行对功能进行校验测试，再交由测试团队在测试环境中进行代码测试。测试完成之后，运维人员会在生产环境中实施软件的部署和发布。

本书讨论的是如何将应用部署在生产环境中。

2. 按照载体分类

随着技术的发展，部署环境的载体分为 3 类：物理服务器部署、虚拟机部署和容器部署。

（1）物理服务器部署

在早期，企业一般会采购物理服务器来建立自有机房，在对服务器进行相关配置后部署应用。而物理服务器的规格一般较大，如 TaiShan 200 服务器 2280 型，其 CPU 核心数为 64，内存最大可配置为 4TB。如果在物理服务器上部署单一应用，则无疑是对资源的浪费。但如果将多个应用、数据库等部署在同一台物理服务器上，则会出现进程间资源抢占的问题。例如，如果某个进程进入死循环，消耗了 100% 的 CPU 资源，则会导致其他进程无法提供服务。这种情况将对业务造成巨大影响，如何对资源进行有效地隔离呢？虚拟化技术的出现有效解决了这一问题。

（2）虚拟机部署

通过虚拟化技术，一台物理服务器可以虚拟出多台虚拟机。每台虚拟机会分配到相应的 CPU、内存、磁盘等物理资源，且这些物理资源之间是相互隔离的。不同的应用、关联的数据库可以部署在相应的虚拟机上，从而有效解决了资源抢占问题。同时，在如今这个云化的时代，可以便捷地在公有云厂商平台上直接购买虚拟机，如 ECS，省去了物理服务器采购、配置等较长周期的等待。

虚拟化技术解决了物理服务器部署的问题，但是虚拟机也存在一定的缺点。第一，开发环境和运维人员部署应用的虚拟机环境有差异。例如，开发人员在自带的 Windows 操作系统的工作计算机中进行开发，而开发出的应用最终要部署在装有 openEuler 或其他操作系统的虚拟机中，从操作系统、运行环境、应用配置等各方面来看，开发人员和运维人员面对的环境有很大差异，很可能出现在开发人员的计算机上可以顺利运行应用软件，而在运维人员的生产环境中无法运行的情况。第二，随着业务的发展，应用软件的版本可能频繁发生迭代，不同版本的应用软件对环境的兼容性不同，从而对生产环境产生了一定的要求。

（3）容器部署

在虚拟机部署中，应用软件的环境不一致问题导致在不同虚拟机上部署应用时需要重新部署环境。针对这种情况，有人提出是否可以将原始环境复制到目标环境中，即开发人员在将应用打包时，连同环境一起打包，这样就能从根本上解决"环境不一致"的问题。

开发人员可以将应用软件及环境一起打包成容器镜像文件，并将其推送到相应的镜像仓库中；而运维人员只需从镜像仓库中拉取相应的镜像，即可进行应用的部署。如果应用程序需要进行频繁的版本迭代，则开发人员同样可以以镜像的方式推送新版本至镜像仓库中，从而实现快速迭代部署。

7.2 在虚拟机上部署应用

本节介绍如何将开发好的鲲鹏招聘系统部署在云服务器上。

7.2.1 部署条件

为了使应用在虚拟机上能够正常运行，通常需要具备以下条件。

1. 服务器及操作系统

本书中的应用基于 ARM 架构进行开发。如果选用服务器虚拟化出的虚拟机，那么要注意此虚拟机需支持 ARM 架构。但更推荐使用云服务器，因为一般来说云服务器更易获取，且云服务器规格丰富，可以按需计费，非常适合在校学生开发使用。

鲲鹏云服务器兼容大部分的 Linux 操作系统，如 openEuler、CentOS、Debian、Ubuntu 等操作系统。

2. 编程语言环境

鲲鹏招聘系统分为前端和后端，两者的编程语言环境有所差异。

（1）前端

一般来说，前端指的是网站的用户界面和交互功能部分，包括浏览器加载、网站视图模型、图片服务、内容分发网络（Content Delivery Network，CDN）等。因为浏览器本身内置了 HTML、JavaScript、CSS 的解析模块，所以前端的编程语言环境已经集成在浏览器中。

（2）后端

后端应用运行在服务端，而服务器上可能没有集成相应的编程语言环境或与集成的编程语言环境已有的版本不匹配，因此后端应用往往需要在服务器中搭建自己的编程语言环境。

本小节所需安装的编程语言环境指的是后端的编程语言环境。不同的编程语言所依赖的编程语言环境是不同的。例如，本书中的鲲鹏招聘系统是基于 Python 语言编写的，因此在部署应用的服务器上需要安装 Python 3 环境。

3. 依赖工具

应用程序的运行需要一些依赖工具，如编译软件，需要用到 GCC、make 等工具；为保证网络通信的安全，针对密钥证书管理、对称加密等功能需要安装 openSSL 等工具。

在服务器及操作系统、编程语言环境、依赖工具已经具备的条件下，即可着手部署鲲鹏招聘系统。

7.2.2 部署步骤

本小节以鲲鹏招聘系统为例，实践如何在鲲鹏云服务器上进行应用部署。

步骤 1：在华为云官网购买一台鲲鹏架构的云服务器 ECS，建议规格为 2vCPUs｜4 GiB｜kc1.large.2。镜像选择 openEuler 20.03 64bit with ARM。在购买服务器的同时，需要购买弹性公网 IP 地址，将其作为云服务器的公网出口。购买完成后，可以在控制台上看到云服务器的信息，如图 7-1 所示。

名称/ID	监控	可用区	状态	规格/镜像	IP地址
ecs-kunpeng-hire bd936c13-41e8-47bc-84a...		可用区2	运行中	2vCPUs | 4 GiB | kc1.larg... openEuler 20.03 64bit witl	12　　　 '8 (弹性公网) 　　　　 (私有)

图 7-1　云服务器的信息

步骤 2：登录云服务器，在云服务器上生成部署密钥。

（1）在生成部署密钥之前，运行以下命令，检查系统是否已经存在。

```
cat ~/.ssh/id_rsa.pub
```

如果看到一个以 ssh-rsa 或 ssh-dsa 开头的字符串，则可以跳过步骤（2）。

（2）使用以下命令生成新的 SSH 密钥。

```
ssh-keygen -t rsa -C "$your_email"
```

按命令提示输入邮箱、文件名和密钥存储密码，按 Enter 键表示使用默认值。

注意：为密钥添加密码是一个惯例，但不是必需的，可以按 Enter 键跳过密码设置。如果在设置时添加了密码，那么每次使用该密钥与 CodeHub 通信时都需要输入密码。

步骤 3：使用以下命令显示完整密钥内容。

```
cat ~/.ssh/id_rsa.pub
```

打开云服务器，选择"安全管理"→"部署密钥"选项，复制显示的完整密钥内容（以 SSH-开头、用户名和主机结尾），将其粘贴到密钥输入框中，如图 7-2 所示。

图 7-2　部署密钥

步骤 4：上传部署包至云服务器 ECS 中。

（1）双击本地的轻量级桌面环境，打开 Terminal 窗口，输入并执行以下命令，进行部署包上传，需要使用 ECS 的弹性公网 IP 地址替换命令中的"EIP"。

```
scp Desktop/zhaopin.war root@EIP:/root/
```

在云桌面浏览器界面左侧菜单栏中选择"服务列表"→"计算"→"弹性云服务器 ECS"选项，进入服务列表，选中"IP 地址"复选框如图 7-3 所示，查看云服务器的弹性公网 IP 地址，如图 7-4 所示。

（2）若接受密钥，则在 Terminal 窗口输入"yes"，按 Enter 键。

（3）输入密码，密码为创建 ECS 时所设置的登录密码。在输入密码时，Terminal 窗口不会显示密码，输入完成后直接按 Enter 键即可。部署包上传完成，如图 7-5 所示。

注意：后续操作需要保持 Terminal 窗口与云服务器的连接状态，以确保所有操作都在云服务器上执行。

图 7-3 选中"IP 地址"复选框

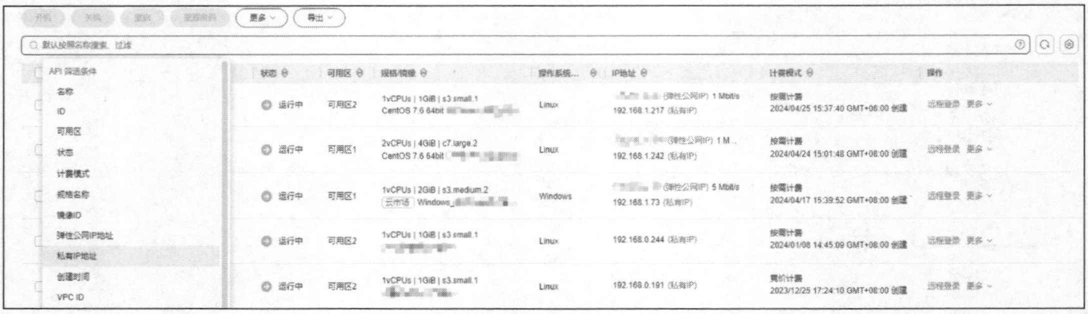

图 7-4 查看云服务器的弹性公网 IP 地址

图 7-5 部署包上传完成

步骤 5：配置服务器环境。

（1）执行以下命令登录云服务器，使用 ECS 的弹性公网 IP 地址替换命令中的"EIP"。

```
ssh root@EIP
```

（2）输入密码，密码为创建 ECS 时所设置的登录密码。输入密码时，命令行窗口不会显示密码，输入完成后直接按 Enter 键即可。成功登录云服务器，如图 7-6 所示。

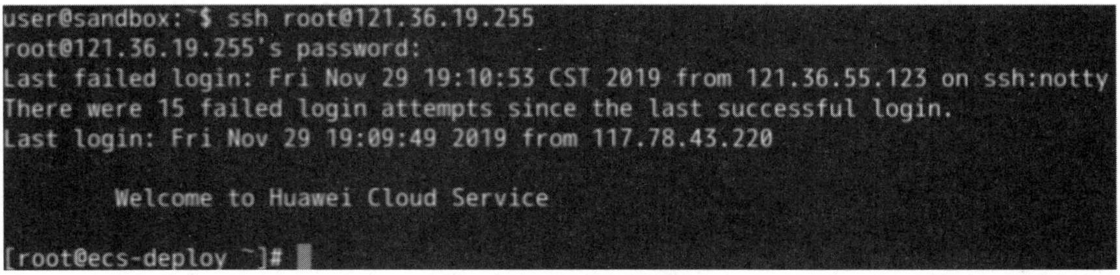

图 7-6　成功登录云服务器

（3）成功登录云服务器后，执行以下命令，切换到/usr/local/src 目录下。

```
cd /usr/local/src
```

（4）执行以下命令，获取 Tomcat 软件包。

```
wget https://downloads.apache.org/tomcat/tomcat-9/v9.0.33/bin/apache-
tomcat-9.0.33.tar.gz
```

（5）执行以下命令，解压 Tomcat 软件包。

```
tar -zxvf apache-tomcat-9.0.33.tar.gz
```

（6）解压完成后，执行以下命令，复制软件包到部署目录下。

```
cp /root/zhaopin.war /usr/local/src/apache-tomcat-9.0.33/webapps/
```

步骤 6：启动部署的项目并验证。

（1）执行以下命令，启动 Tomcat 软件包。

```
sh /usr/local/src/apache-tomcat-9.0.33/bin/startup.sh
```

启动成功的效果如图 7-7 所示。

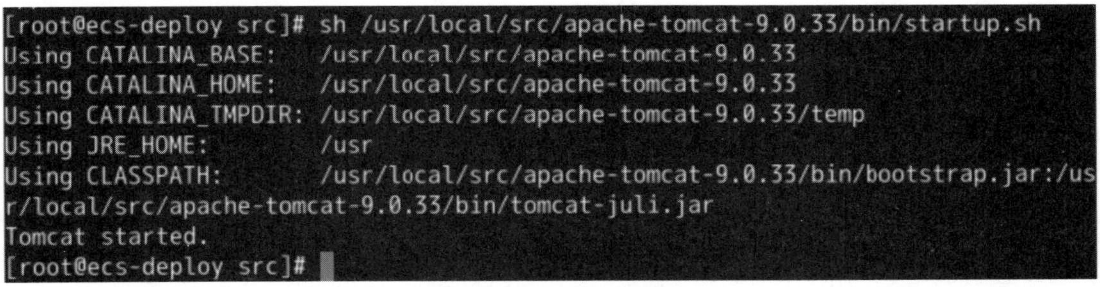

图 7-7　启动成功的效果

（2）切换至浏览器，在其地址栏中输入地址 EIP:8080/zhaopin/index.jsp，按 Enter 键进行访问，复制 ECS 的弹性公网 IP 地址，以替换地址中的 EIP。

至此，完成了在虚拟机上部署应用。

7.3　在容器上部署应用

从操作系统、运行环境、应用配置等方面来看，开发人员和运维人员面对的环境有很大差异，且环境配置非常麻烦，一旦更换一台服务器，就需要重新配置一次，操作起来费时费力。于是，有人提出一种方案，即将软件与环境一起安装部署，简化了环境配置的问题。

7.3.1 容器技术基础

一提到容器，大部分人会想到 Docker。Docker 是一个开源的应用容器引擎，其彻底改变了应用程序的打包、分发和运行方式，使容器技术广为人知。本小节将围绕 Docker 容器技术进行介绍。

容器是软件的标准单元，其打包了应用的代码及其所有依赖项，使得应用程序可以从一个运行环境快速、可靠地迁移到另一个运行环境中。Docker 容器镜像是一个轻巧的、独立的、可执行的软件包，其中包括代码、运行时环境、系统工具、系统库和各类配置文件。容器镜像在运行时会实例化为容器，容器将软件与其环境隔离开来，并确保在开发和运维环境之间存在差异时，软件仍可以正常运行。

容器是一种轻量级的共享内核虚拟化技术，其与虚拟机的对比如图 7-8 所示。

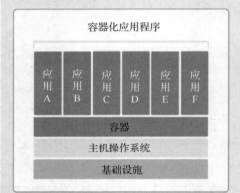
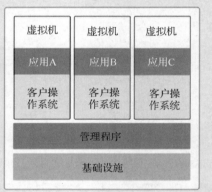

图 7-8　容器和虚拟机的对比

传统的虚拟化技术的目的是模拟完整的虚拟机。虚拟机实现了将一台服务器变为多台服务器的物理抽象。Hypervisor 层（管理程序）允许多台虚拟机在单台计算机上运行。每台虚拟机包含客户操作系统和应用，所以虚拟机占用的空间很大，启动速度相对缓慢。

容器将应用程序和其依赖项打包在一起，以容器化应用程序。多个容器可以在一台计算机上运行，且与其他容器共享主机操作系统的内核。容器占用的空间一般小于虚拟机占用的空间。

那么容器是如何工作的呢？接下来介绍 Docker 的架构，Docker 的架构如图 7-9 所示。

Docker 使用的是 C/S 架构。Docker 组件包括如下几个部分。

（1）Client：Docker 客户端。

① docker build：用于构建 Docker 镜像。

② docker pull：用于拉取 Docker 镜像。

③ docker run：用于运行 Docker 容器。

（2）DOCKER_HOST：Docker 守护进程的地址。

① Docker daemon：Docker 守护进程。

② Containers：Docker 容器。

③ Images：Docker 镜像。

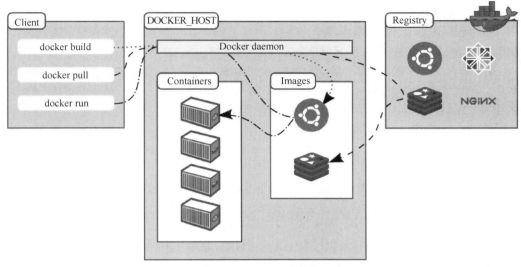

图 7-9　Docker 的架构

（3）Registry：Docker 仓库。

接下来介绍与 Docker 相关的几个概念。

1. Docker 客户端

Docker 客户端是 Docker 用户与 Docker 交互的主要方式。常用的 Docker 客户端是 Docker 命令行，当使用 docker run 之类的命令时，Docker 客户端会将这些命令发送到 Docker 守护进程，Docker 守护进程会执行这些命令。Docker 客户端可以与多个 Docker 守护进程通信。

2. Docker 守护进程

Docker 守护进程用来监听 Docker API 请求，并负责完成镜像构建、容器运行等工作；同时，其可以与其他 Docker 守护进程通信以管理 Docker 服务。

3. Docker 容器

Docker 容器是镜像创建的运行实例。在启动容器时，一个新的可读写层会被加载到镜像的顶部，这一层被称为"容器层"。容器分层如图 7-10 所示，最上面的容器层是可读写层；其下的都是镜像层，且这些镜像层都是只读层。

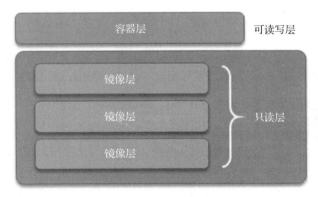

图 7-10　容器分层

容器的实质是进程，但与直接在宿主上执行的进程不同，容器运行在属于自己的独立的命名空间中，这是通过 Linux namespace 实现的。处于某个命名空间中的进程，能看到属于它自己的某些特定系统资源，以保证不同容器的运行环境是相互隔离的。

但是，只有运行环境隔离还不够，因为这些进程可能可以不受限制地使用系统资源（如 CPU、内存等）。因此，为了让容器中的进程更加可控，Docker 使用 Linux cgroups 来限制容器中的进程允许使用的系统资源。

4. Docker 镜像

Docker 镜像可以看作是一个只读的模板，镜像可以用来创建 Docker 容器。一个镜像可以创建多个容器。

下载 CentOS 镜像，可以看到镜像大小为几百兆字节。镜像之所以如此轻盈，得益于容器共享主机的内核。操作系统分为内核和用户空间。对 Linux 操作系统而言，内核启动后，会挂载 root 文件系统（rootfs）为其提供用户空间支持，rootfs 包含/bin、/dev 等目录。对 Docker 镜像来说，底层可以直接调用主机的内核，用户只需要提供 rootfs。Docker 镜像相当于 rootfs，而一个精简的 Docker 镜像的 rootfs 可以很小，可能只需要包含一些基础的命令、程序和库。

对于不同 CPU 架构的平台，如鲲鹏计算平台和 x86 平台，Linux 操作系统的内核代码是不同的，所以在使用镜像时，可能会出现跨平台不兼容的问题。Docker Hub 上的 CentOS 镜像如图 7-11 所示，可以看到 Docker Hub 镜像仓库中会标注镜像所支持的 CPU 架构。

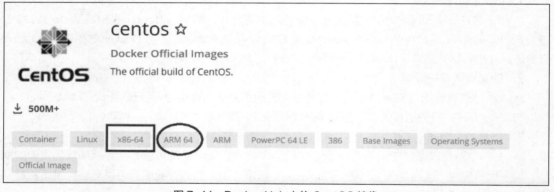

图 7-11　Docker Hub 上的 CentOS 镜像

通常，一个镜像是基于另一个镜像创建的，并根据应用的需求增加所需镜像层。Docker 支持在现有的镜像基础上创建新的镜像。例如，可以在基于 CentOS 的镜像的基础上安装 Nginx 和 Redis 应用来创建一个新的镜像。镜像是通过一层一层叠加生成的，这种分层结构使得镜像的复用、定制变得更为容易。每一层构建完成之后就不能再修改，这种策略可以保证镜像的安全性，以及更高的性能和空间利用率。

5. Docker 仓库

仓库是存放镜像模板的地方。仓库分为公有仓库和私有仓库。目前最大的公有仓库是 Docker Hub。Docker Hub 由 Docker 公司维护，存放着数量庞大的镜像，可供用户下载。

在实际生产中，为了规避在公有仓库中存放镜像的风险，用户可以创建自己的私有仓库。例如，华为云的容器镜像服务（SoftWare Repository for Container，SWR）提供了私有仓库，并且可以给不同用户分配相应的访问权限（读取、编辑、管理）。同时，SWR 提供了镜像下载加速技术，确保高并发下能获得更好的下载体验。

7.3.2 容器化部署的优势

与虚拟机部署相比，Docker 容器化部署在以下几个方面具有很大的优势。

1. 快速交付和部署

容器消除了开发、测试的环境差异，保证了应用生命周期的环境一致性。第一，开发人员可以使用镜像构建一套标准的开发环境，等到开发完成之后，开发人员可以对程序运行环境和应用镜像进行封装。第二，测试、运维人员能够直接使用标准镜像进行代码的测试、部署。Docker 可以快速创建镜像，快速迭代应用程序，利用镜像文件使得整个过程全程可见，使团队中的其他成员更容易理解应用程序是如何创建和工作的，大大简化了持续集成、测试和发布的过程。

2. 快速迁移与扩容

Docker 使得业务能够高效地迁移与扩容。Docker 容器几乎可以在任意平台上运行，包括虚拟机、物理机、公有云、私有云等，这种兼容性方便用户将应用程序从一个平台直接迁移到另外一个平台。举例来说，如果应用程序本身部署在虚拟机的 x86 平台上，则用户可以通过重构 Docker 镜像、运行新平台镜像的方式，将应用快速地迁移到鲲鹏计算平台上；同时，凭借容器良好的兼容性和轻量级的特性，用户可以实现负载的动态管理，并且可以根据业务需求快速扩容。

3. 高资源利用率

Docker 具有高资源利用率。容器没有管理程序的额外开销，且与底层共享操作系统内核，性能更加优良，一台主机上可以运行数千个 Docker 容器，在同等条件下可以运行更多的应用实例；而传统的虚拟机方式需要运行客户操作系统，耗费了大量的资源。

7.3.3 容器基础命令简介

基于镜像可以生成容器，而容器可以被启动、停止、删除。Docker 常见管理命令如图 7-12 所示，容器的启动、停止、删除状态都由对应的 Docker 命令实现，Docker 常见命令如表 7-1 所示。

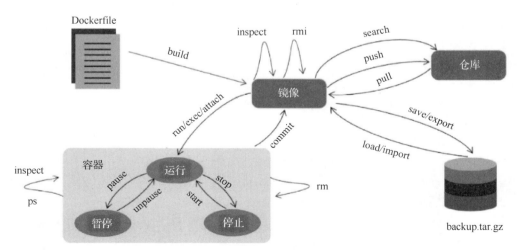

图 7-12 Docker 常见管理命令

表 7-1　Docker 常见命令

命令	作用
build	构建容器镜像
inspect	获得容器的详细信息
ps	列出正在运行的容器
pause	暂停运行中的容器
unpause	恢复被暂停的容器
stop	停止容器
start	启动容器
run	在新的容器中执行命令
exec	在运行的容器中执行命令
attach	连接到正在运行的容器
rm	删除容器
commit	生成新的容器镜像
rmi	删除容器镜像
search	查找容器镜像
push	将本地的镜像推送到远程仓库
pull	下载容器镜像
save	保存容器镜像
export	保存容器文件系统
load	加载容器镜像
import	加载容器文件系统

下面对一些基础的命令进行演示。

1. Docker 安装

步骤 1：安装 Docker 及其依赖，命令如下。

```
yum install -y yum-utils
yum-config-manager --add-repo https://download.docker.com/linux/centos/
docker-ce.repo
yum install -y docker-ce docker-ce-cli containerd.io
```

步骤 2：查看安装的 Docker 版本信息，命令如下。

```
docker --version
```

步骤 3：启动 Docker 后台服务，并设置 Docker 开机自启动，命令如下。

```
systemctl start docker
systemctl enable docker
```

步骤 4：测试运行 hello-world，命令如下。

```
docker run hello-world
```

完成以上所有步骤后，得到如下结果，说明工作正常。

```
Hello from Docker!
This message shows that your installation appears to be working correctly.
```

2. 容器镜像基本操作

步骤 1：下载 Nginx 镜像，命令如下。

```
docker pull nginx
```

步骤 2：查询镜像，命令如下。

```
docker image ls
```

步骤 3：获取容器 Nginx 的详细信息，命令如下。

```
docker inspect nginx
```

步骤 4：查看镜像结构，命令如下。

```
docker save -o nginx.tar nginx
tar -tf nginx.tar
```

步骤 5：删除镜像，命令如下。

```
docker rmi nginx
```

步骤 6：查看镜像，验证镜像是否已经被删除，命令如下。

```
docker images
```

如果镜像删除成功，则可以看到 Nginx 镜像从显示的镜像列表中移除。

3. 容器基本操作

步骤 1：启动并进入容器。使用 Ubuntu 镜像启动一个容器，以命令行模式进入该容器，命令如下。

```
docker run -it ubuntu /bin/bash
```

步骤 2：查看所有正在运行的容器，命令如下。

```
docker ps -a
```

步骤 3：启动一个已经停止的容器，命令如下。

```
docker start XX
```

以上演示的是一些基础命令的操作，其他命令可以登录 Docker 官网，通过官方文档进行学习。

7.3.4 构建应用镜像

Docker 容器是基于镜像运行的，所以要运行一个应用，就需要构建该应用的镜像。公有仓库 Docker Hub 上存储着很多镜像，如 Nginx、Redis 镜像等，这类镜像可以直接下载使用。但有些镜像在公有仓库上是无法找到的，需要用户自行构建。

构建镜像的方法主要有两种，使用 docker commit 命令和使用 Dockerfile 构建文件。

1. 使用 docker commit 命令

使用 docker commit 命令是基于已有的镜像进行镜像构建的，其本质是对一个容器中运行的程序和程序的运行环境进行打包，生成一个新的镜像。简单来说，可以分为以下 3 步。

（1）运行容器。

（2）修改容器。

（3）将修改后的容器保存为新的镜像。

例如，可以在 CentOS 镜像中安装 make 构建工具并将其保存为新的镜像。

（1）拉取 CentOS 镜像，命令如下。

```
docker pull centos
```

（2）运行 CentOS 容器，命令如下。

```
docker run centos
```

（3）安装 make 工具，命令如下。

```
yum -y install make
```

（4）保存为新的镜像，命令如下。

```
docker commit -a "cherry" -m "test" centos
```

该命令表示从名为 CentOS 的容器中创建一个新的 Docker 镜像，并将作者设置为 cherry，提交信息设置为 test。执行该命令后，会生成一个新的镜像。

docker commit 的语法规则如下。

```
docker commit [OPTIONS] CONTAINER [REPOSITORY[:TAG]]
```

OPTIONS 的取值说明如下。

① -a：提交的镜像作者。

② -c：使用 Dockerfile 命令创建镜像。

③ -m：提交时的说明文字。

④ -p：在提交命令时，将容器暂停。

从这个例子可以知道如何使用 docker commit 命令创建新的镜像，但其并非为 Docker 官方推荐方法。这种方法需要一步步地执行命令，效率较低。如果在一个团队协同工作时，把使用 docker commit 命令构建的新镜像移交给其他同事，则其他同事无法了解镜像构建的过程，即这种方法没有可复制性。同时，如果镜像中包含一些恶意程序，用户无法将其识别出来，存在一定的安全隐患。因此，Docker 官方推荐了另外一种构建镜像的方法，即使用 Dockerfile 构建文件。

2. 使用 Dockerfile 构建文件

Dockerfile 构建文件可以自动化生成镜像，其类似于 Shell 脚本，执行脚本文件就可以将一个服务安装配置完成。Dockerfile 是由一组指令组成的文本文件，记录了镜像构建的所有步骤，Docker 程序可以通过读取 Dockerfile 中的指令生成应用镜像。

先来看一个 Dockerfile 的简单例子。这个例子基于 CentOS 镜像构建一个新的镜像，在其中安装 Nginx 和 Redis 服务，并设置一个默认的启动命令。

```
FROM CentOS
RUN yum - y install nginx
RUN yum -y install redis
CMD 'bin/bash'
```

在 Dockerfile 文件的存放目录下执行构建动作。

```
docker build -t nginx:v3 .
```

Dockerfile 的编写需遵循相应的原则，表 7-2 展示了 Dockerfile 的常见指令及其格式和含义，完整的列表和说明可以参考 Docker 官方文档。

表 7-2　Dockerfile 的常见指令及其格式和含义

指令	格式	含义
FROM	FROM [--platform=<platform>] <image>[:<tag>] [AS <name>]	指定基础镜像，除了注释，Dockerfile 中的第一行必须是 FROM
MAINTAINER	MAINTAINER <name>	说明镜像的作者
WORKDIR	WORKDIR /path/to/workdir	进入指定的工作目录，类似于 cd 命令
COPY	COPY <src> …<dest>	复制指令，从上下文目录中复制文件或者目录到容器中的指定路径下
ADD	ADD <src> …<dest>	与 COPY 指令类似，如果源文件为压缩文件，如.tar 文件、.zip 文件、.gzip 文件等，则会自动解压到目标路径下。在具有同样需求的情况下，官方推荐使用 COPY 指令
RUN	RUN <command> RUN ["executable", "param1", "param2" …]	在构建镜像时执行命令行中的命令
CMD	CMD ["executable","param1","param2"] CMD ["param1","param2"] CMD command param1 param2	类似于 RUN 指令，执行指定的命令，在容器启动时执行
EXPOSE	CMD ["param1","param2"]	暴露容器指定的端口
ENV	ENV <key>=<value>	设置环境变量，如果定义了环境变量，则在后续的指令中可以使用该环境变量
VOLUME	VOLUME ["/data"]	定义数据卷，在容器中创建一个挂载点

　　接下来，依据 Dockerfile 的编写原则，可以把鲲鹏招聘系统构建成镜像，以便后续部署。

　　有了 Dockerfile 文件后，可以使用 docker build 命令构建对应的镜像。用户通过以下命令使用 Docker 基于当前目录构建一个叫作 Recruitment 的镜像，Docker 会在目录中寻找 Dockerfile，并基于其中的指令构建镜像。

```
docker build -t Recruitment:v1.0
```

　　如果镜像构建成功，则会显示类似于 "Successfully tagged Recruitment:v1.0" 的成功消息，可以使用 docker 命令查看该镜像的信息。

```
docker images
```

7.3.5　运行应用容器

　　生成应用镜像后，可以通过使用 docker run 命令直接运行镜像来生成容器，命令如下。

```
docker run -it -name Recruitment-container -p 8080:80 -d Recruitment:v1.0
/bin/bash
```

　　这条命令使 Docker 基于 Recruitment:v1.0 镜像创建一个名为 Recruitment-container 的容器。其中，-d 表示该容器在后台运行，-p 8080:80 表示本机上的 8080 端口映射到容器的 80 端口。打开浏览器，在其地址栏中输入 http://弹性云服务器 IP 地址:8080，按 Enter 键，可以访问此应用。如果输出图 7-13 所示的信息，则说明容器部署成功。

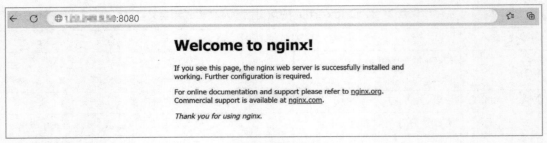

图 7-13　容器部署成功

7.4 本章练习

1. 简述在容器上部署应用的步骤。
2. 简述在虚拟机上部署应用的步骤。

第8章
应用日志云上处理与分析

学习目标

- 了解应用系统日志的作用。
- 熟悉日志管理系统。
- 掌握应用系统与日志管理系统的对接方法。

日志是目前大数据分析领域的关键数据源，可以记录许多想要记录的数据。例如，用户行为分析场景的主要任务是对流量日志或埋点日志进行清洗和挖掘，收集用户操作信息，得出用户喜好数据，为应用的运营工作提供数据支持。另外，日志可以记录系统、程序或硬件设备执行的操作和出现的故障信息。当应用系统出现问题时，工程师通过日志可以快速定位出现问题的具体位置。

8.1 日志与日志管理系统

日志是一个系统的重要组成部分，用来记录用户操作、系统运行状态等信息。从结构上看，日志是非常简单的一种存储模型，通常按从左到右的顺序线性读取。与文件相比，日志中的每条记录都是按照时间的相对顺序排列的。正是因为具有这种信息记录方面的特性，日志经常被用于分析产生日志的应用系统的运行状态。通过分析日志数据，可以发现应用系统的性能瓶颈，快速定位应用问题，预警应用的潜在风险。此外，可以通过日志对访问应用系统的用户的行为进行分析，从而挖掘更多的潜在价值，如利用日志进行用户画像和个性化推荐等。

8.1.1 日志的内容

标准的日志包含时间戳、日志地点、日志级别、会话标识、功能标识及其他必要信息。日志片段示例如下，其展示了一种典型的日志内容。

```
log.error("[接口名或操作名]产生的[错误消息][可能的原因]。[可能的解决方案][参数]。")
```

日志的时间戳指的是日志记录的时间，其主要有三大作用：首先，时间戳可以帮助分析事件的发生是不是存在某种规律，如是不是每天、每周、每月的固定时间点都会出现问题。其次，时间戳可以表示一个或一组事件的持续时间，例如，可以监控某一段代码的执行时间，也可以记录一个网络请求的耗时。最后，时间戳代表了事件发生的顺序，将多个日志按照时间排序能够帮助用户排查问题是按照什么样的时序产生的，这对于多进程、异步、分布式程序而言非常重要。

日志地点指日志被记录的位置，即事件的产生位置。日志地点可以具体到是哪个模块、哪个文件，甚至是哪一个函数、哪一行代码。日志地点的意义在于能够让应用开发人员或运维人员确定这条日志是在哪里产生的，这样就能大致定位问题出现的地方，而不需要对日志内容进行全局过滤。

应用程序以及操作系统会产生多种不同格式的日志，日志可以被存储为文本、二进制或者压缩包等其他格式。基于文本的日志记录是目前最丰富的日志类型之一，这是因为生成这类日志需要的系统成本较低，且这类日志易于处理和分析。

鉴于日志的重要作用和存储要求，日志的内容要尽量记录应用系统运行过程中的所有有用信息，包括应用各主要模块之间的请求和响应、重要的状态变化、警告、错误等，但是不能生成无用的日志（如在正式运行的系统中生成的调试日志），防止淹没重要信息，过多占用存储空间。

8.1.2 日志分类及 Web 日志

基于不同的功能和产生主体，日志有不同的种类。按功能分类，常见的有应用程序运行日志、诊断日志、审计日志、用户行为日志等；按产生主体分类，有操作系统日志、应用日志（如 Web 日志）、数据库日志等。这里主要介绍用于用户行为分析的 Web 日志。

Web 服务模式的实现有服务请求、服务响应和记录 3 个步骤，如图 8-1 所示。

图 8-1　Web 服务模式的实现

服务请求包含客户端的众多基本信息，如 IP 地址、浏览器类型、目标统一资源定位符（Uniform Resource Locator，URL）等；服务响应是指 Web 服务器接收到服务请求后，按照用户要求运行相应的功能，并将信息返回给用户，如果出现错误，则返回错误代码；记录是指服务器对用户访问过程中的相关信息进行记录，以追加的方式保存到日志文件中。

当前部署的 Web 应用都会使用类似 Nginx、Apache 等 HTTP 服务器来进行反向代理以及负载均衡。Web 日志主要记录 Web 服务器接收到的处理请求以及运行时的错误等各种原始信息。Web 日志一般是以.log 为扩展名的文件，文件中至少包含日志产生时间、响应状态码、访问者 IP 地址、请求处理耗时等数据。通过对 Web 日志进行统计和分析，能有效地掌握 Web 应用的运行状况，发现和排除错误，了解用户访问分布等，从而更好地加强系统的维护和管理。

8.1.3 日志管理系统

计算机或其他设备都实现了日志记录子系统，该系统帮助运行在操作系统中的应用程序在必要时生成日志。人工或使用简单的工具及命令可以进行日志的查找、查看等基本操作，但是存在明显的局限性，如人工日志审核只能用于简单的日志，无法获取事件发生的全貌，当分析需要关联来自多个源的日志时，需要投入大量时间。因此，日志管理系统应运而生。

日志管理是指日志接入、处理、存储和可视化的过程。一个成熟的日志管理系统能够用于支持运维和系统诊断，包含的功能有用户管理、访问权限、配置管理、日志缓存及自动通知等。日志管理流程如图 8-2 所示。数据源会持续产生日志数据，这些数据在访问阶段被系统采集。当所有需要的日志数据采集完后，会进行数据处理，主要包括输入、过滤和输出 3 个阶段。在数据处理完成后，会将日志数据存储至持久性存储设备中，便于后续查询和分析。在可视化阶段，可以把这些日志数据通过图形化界面展示，以帮助用户进行监控和分析。

图 8-2　日志管理流程

通过日志管理系统，应用程序及其关联设备和系统所产生的日志都可以被采集、汇聚、存储、索引、分析，并以适当的报告或可视化图表将其展示出来。

8.2　ELK 日志管理系统

ELK 是 Elasticsearch、Logstash 和 Kibana 这 3 款软件产品的首字母缩写。它们都是开源软件，可以互相配合使用。其中，Elasticsearch 是分布式搜索和分析引擎，Logstash 是数据收集引擎，Kibana 是数据分析和可视化平台。ELK 通常会与一个轻量级开源日志文件数据搜集器 Filebeat 搭配使用。

在典型的 ELK 架构中，只有一个 Logstash、Elasticsearch 和 Kibana 实例，它们集中部署在一台服务器中，这种架构被称为 ELK 单节点架构，管理员通过 Kibana 访问数据，如图 8-3 所示。

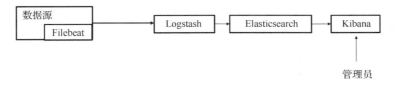

图 8-3　ELK 单节点架构

8.2.1　日志索引工具 Elasticsearch

Elasticsearch 是为日志建立索引并实现搜索和分析的工具，其可以为所有类型的数据提供实时搜索和分析。

原始数据可从多个来源（包括日志、系统指标和网络应用程序）通过 Elasticsearch 实现数据采集。数据采集是指在 Elasticsearch 中进行索引之前解析、标准化原始数据的过程。这些数据在 Elasticsearch 中建立索引之后，用户便可针对其数据进行复杂的查询，并使用聚合检索自身数据的复杂汇总。最终，在 Kibana 中，用户可以基于自己的数据实现可视化。

8.2.2　日志处理工具 Logstash

Logstash 是具有实时流水线功能的开源数据收集引擎。Logstash 可以动态统一不同来源的数据，并将数据标准化后输出到下一个目标位置，如 Elasticsearch。

Logstash 可以使用不同的协议完成将数据写入 Elasticsearch 的工作。这里主要介绍 HTTP 方式。Logstash 的输出配置代码如下。其主要功能是将经过处理的日志数据发送到 Elasticsearch 进行索引和存储。配置选项中的参数可以根据需求进行调整，以满足特定的日志处理和存储需求。

```
output {
    Elasticsearch {
        hosts => ["Elasticsearch 的 IP 地址: 9200"]
        index => "logstash-%{type}-%{+YYYY.MM.dd}"
        document_type => "%{type}"
        flush_size => 20000
        idle_flush_time => 10
        sniffing => true
        template_overwrite => true
    }
}
```

8.2.3　日志展示工具 Kibana

Kibana 是一个开源的数据分析和可视化平台，用户可以使用 Kibana 对 Elasticsearch 索引中的数据进行搜索、查看、交互操作，同时可以很方便地利用图表及地图对数据进行多元化的分析和呈现。Kibana 基于浏览器的界面便于用户快速创建和分享动态数据仪表板来追踪 Elasticsearch 的实时数据变化。Kibana 以可视化图表展示的日志分析结果如图 8-4 所示。

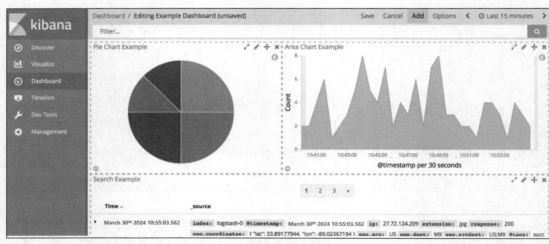

图 8-4　Kibana 以可视化图表展示的日志分析结果

8.2.4　日志采集工具 Filebeat

日志采集也称数据接入，是对日志数据的过滤、转换、聚合、分析、路由及缓存的过程。采集源通常包括系统日志、应用日志、移动 App 日志等。

Filebeat 是用于转发和汇聚日志数据的轻量级传送程序。Filebeat 作为服务器上的代理安装，会监视用户指定的日志文件或位置、收集日志事件，并将它们转发到 Elasticsearch 或 Logstash 进行索引。对于找到的每个日志，Filebeat 都会启动采集器，每个采集器读取单个日志以获取新内容，并将新日志数据发送到 Filebeat 的输出端。

如果要使用 Logstash 对 Filebeat 收集的数据进行其他处理，则需要将 Filebeat 配置为使用 Logstash，配置如下。

```
#----------------Logstash 输出--------------
输出到 Logstash:
主机：["Logstash 的 IP 地址：5044"]
```

8.3 应用系统与 ELK 日志管理系统的对接

本书第 5、7 章已经完成了鲲鹏招聘系统的开发与部署，本节将该应用系统与 ELK 日志管理系统进行对接，对应用系统产生的日志进行收集、汇聚、存储、索引，最终以可视化的形式展示出来。本章实验操作涉及的系统部署、对接配置和使用均在华为云上进行。

8.3.1 架构及原理

这里以部署在华为云 ECS 主机上的鲲鹏招聘系统为基础，模拟其日志数据的产生、收集、处理等过程，并以可视化的方式展现出来。云上日志处理分析架构如图 8-5 所示。其中，华为云是整个云环境的基础；集群管理员负责管理和操作整个集群；虚拟私有云（Virtual Private Cloud，VPC）提供一个与公有云隔离的网络环境；subnet-windows 子网中包含安全组和 Windows 操作机，安全组用于控制进出子网的各个实例的网络流量，Windows 操作机用于特定的管理和操作任务；subnet-nodes 子网中包含安全组和 Kunpeng ECS，它们用于运行各种应用和服务。集群管理员和子网通过 EIP、网络地址转换（Network Address Translation，NAT）网关和 ELB 连接，保证了内外网络的负载均衡。

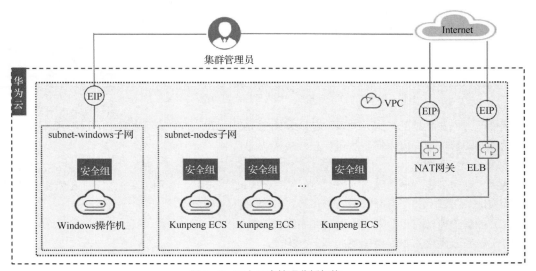

图 8-5　云上日志处理分析架构

8.3.2 云上环境准备

本小节将讲述如何在华为云上购买各类云服务，包括 VPC、ECS、弹性公网 IP 地址、NAT 网关和 IMS 等，并使用云服务搭建后续所需的实验环境。由于此实验环境涉及的机器节点较多，为节省弹性公网 IP 地址的使用，统一使用 NAT 网关按照图 8-5 所示的架构进行环境准备，包含云上网络、云服务器、私有镜像、Windows 操作机等环境和资源，具体步骤如下。

步骤 1：登录华为云。华为云登录界面如图 8-6 所示。

图 8-6 华为云登录界面

步骤 2：进入控制台。华为云控制台界面如图 8-7 所示。

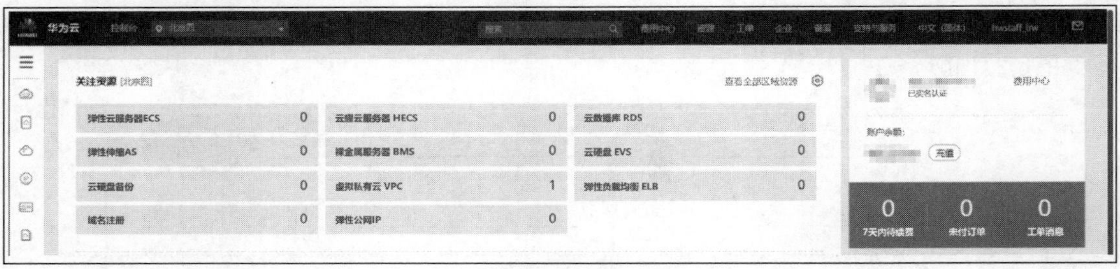

图 8-7 华为云控制台界面

选择该界面左上角的"服务列表"选项，如图 8-8 所示，选中实验中常用的云服务，单击服务名称后面的图钉按钮，可以将其固定在左侧快速访问栏中。

步骤 3：创建 VPC。

选择"服务列表"→"网络"→"虚拟私有云 VPC"选项（也可以单击固定在左侧快速访问栏中的相应选项），单击"创建虚拟私有云"按钮，如图 8-9 所示。

在"创建虚拟私有云"界面中填写如下配置信息。

（1）私有云网络基本配置信息如图 8-10 所示。

区域：华北-北京四。

名称：vpc-Logging （可根据实际情况做出调整）。

网段：192.168.0.0/16（实验中需要根据规划确定，注意此处使用的网段必须保持 16 位子网掩码）。

图 8-8　选择"服务列表"选项

图 8-9　单击"创建虚拟私有云"按钮

图 8-10　私有云网络基本配置信息

（2）私有云子网（默认子网）配置信息如图 8-11 所示。

可用区：可用区 1。

名称：subnet-nodes（可根据实际情况做出调整）。

子网网段：192.168.0.0/24（实验中需要根据规划确定）。

默认子网

可用区	可用区1	?
名称	subnet-nodes	
子网IPv4网段	192 · 168 · 0 · 0 / 24 ?	可用IP数：251
	子网创建完成后，子网网段无法修改	
子网IPv6网段	☐ 开启IPv6 ?	
关联路由表	默认 ?	

高级配置 ▼   网关 | DNS服务器地址 | DHCP租约时间 | 标签 | 描述

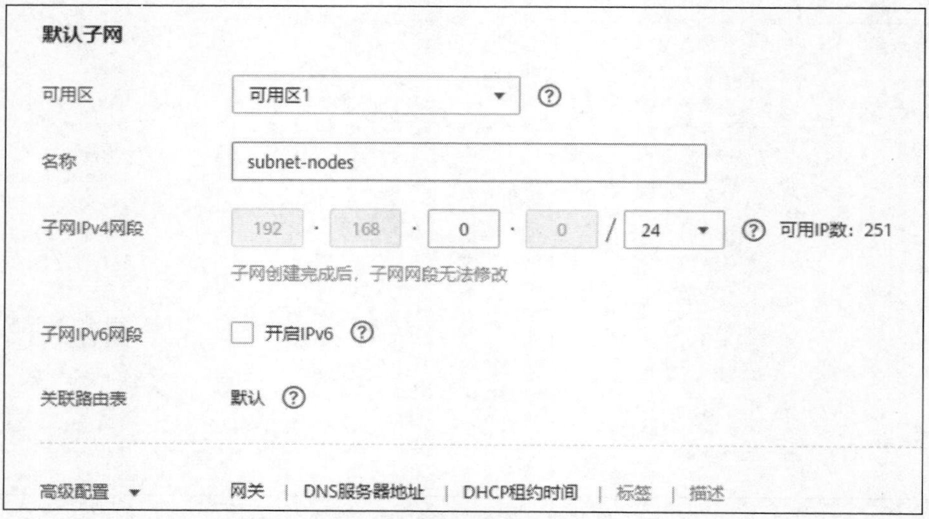

图 8-11　私有云子网（默认子网）配置信息

（3）私有云子网 1 配置信息如图 8-12 所示。

可用区：可用区 1。

名称：subnet-jumper（可根据实际情况做出调整）。

子网网段：192.168.1.0/24（实验中需要根据规划确定）。

子网 1 🗑

可用区	可用区1	?
名称	subnet-jumper	
子网IPv4网段	192 · 168 · 1 · 0 / 24 ?	可用IP数：251
	子网创建完成后，子网网段无法修改	
子网IPv6网段	☐ 开启IPv6 ?	
关联路由表	默认 ?	

高级配置 ▼   网关 | DNS服务器地址 | DHCP租约时间 | 标签 | 描述

⊕ 添加子网

免费创建   立即创建

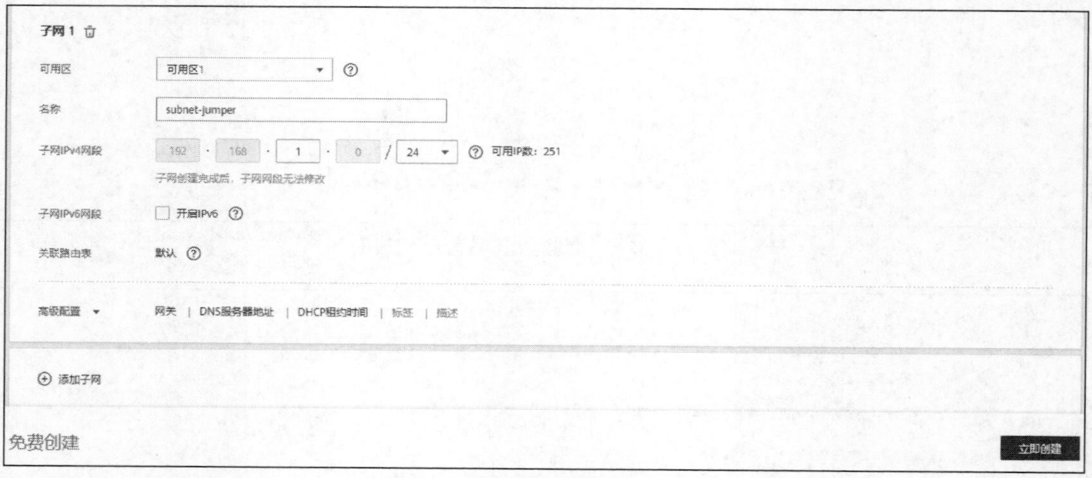

图 8-12　私有云子网 1 配置信息

此时，单击"立即创建"按钮。VPC 创建完成后，返回华为云控制台界面，可看见 VPC 与子网已创建，如图 8-13 所示。

图 8-13　VPC 与子网已创建

步骤 4：购买弹性公网 IP 地址。

单击固定在左侧快速访问栏中的"弹性公网 IP"按钮（也可以选择"服务列表"→"网络"→"弹性公网 IP"选项），进入华为云控制台界面，单击"购买弹性公网 IP"按钮，如图 8-14 所示。

图 8-14　单击"购买弹性公网 IP"按钮

根据购买弹性公网 IP 界面的内容，设置必要的弹性公网 IP 参数，如图 8-15 所示。

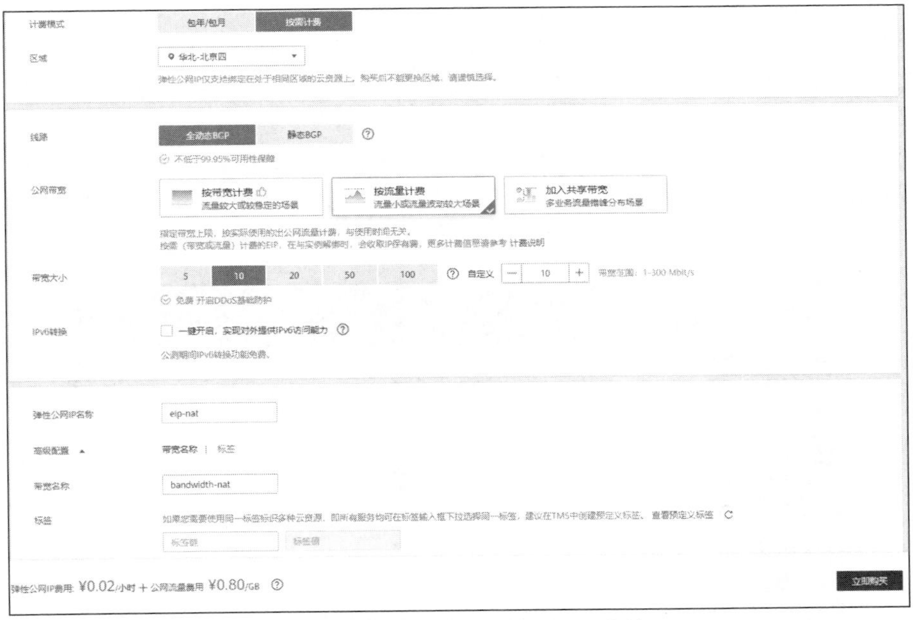

图 8-15　设置必要的弹性公网 IP 参数

参数设置完成后，单击"立即购买"按钮，进入确认界面。确认参数配置无误后，单击"提交"按钮，如图 8-16 所示。

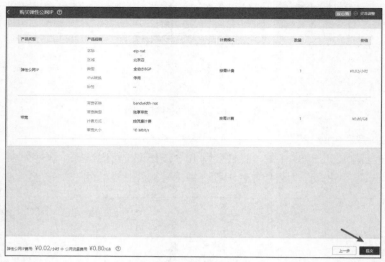

图 8-16　确认参数配置

提交后自动返回华为云控制台界面，等待几十秒后刷新列表，即可看到弹性公网 IP 地址购买完成。

8.3.3　部署 Filebeat

本小节主要介绍 Filebeat 的安装、基础配置以及 httpd 服务的安装配置。完成 Filebeat 的部署，即完成了 ELK 操作的部分准备工作。

Filebeat 的部署采用华为云平台，包括 6 个步骤，分别是在 Windows 操作机中登录 web-1 主机、安装并启动 httpd 服务、安装 Filebeat、配置并启动 Filebeat、创建私有镜像、实验资源释放。

步骤 1：在 Windows 操作机中登录 web-1 主机。

在 Windows 操作机中安装并打开 SSH 工具 MobaXterm（也可以使用 PuTTY），在 MobaXterm 主界面中单击"New session"按钮，如图 8-17 所示，创建 kibana-1 的 SSH 连接 session 并登录 web-1 主机。

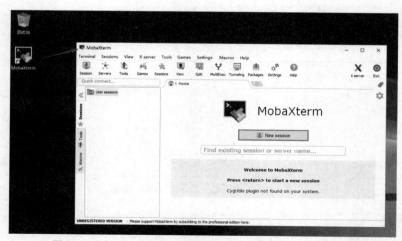

图 8-17　在 MobaXterm 主界面中单击"New session"按钮

步骤 2：安装并启动 httpd 服务。

使用如下命令切换工作目录至 var/log，并安装 httpd 程序包。

```
cd /var/log
yum install httpd
```

输出结果如下。

```
Is this ok [y/d/N]:
```

输入 "y" 并按 Enter 键，则开始安装 httpd 服务，显示 "Complete" 则表示 httpd 服务安装完成。

启动 httpd 服务，检查服务状态，并设置 httpd 服务为开机自启动，命令如下。

```
systemctl start httpd
systemctl status httpd
systemctl enable httpd
```

步骤 3：安装 Filebeat。

使用 mkdir 和 cd 命令创建并进入工作目录，使用 wget 命令下载 Filebeat 离线安装包，命令如下。

```
mkdir -p ~/workspace
cd ~/workspace
wget https://artifacts.elastic.co/downloads/beats/filebeat/filebeat-7.12.0-
linux-x86_64.tar.gz
```

使用 tar -xzvf 命令解压 .tar 包，再使用 mv 命令把 filebeat-7.12.0 目录移动到 /usr/local 目录下，命令如下。

```
tar -xzvf filebeat-7.12.0-linux-arm64.tar.gz
...
mv filebeat-7.12.0-linux-arm64 /usr/local/filebeat
```

步骤 4：配置并启动 Filebeat。

在 /usr/local/filebeat 路径下，使用 vim 命令修改配置文件 filebeat.yml，输入 "i" 并按 Enter 键进入编辑模式，依照以下配置数据，配置 filebeat.yml 中的配置项及其值。

```
filebeat.inputs:
- type: log
  enabled: true
  paths:
    - /var/log/httpd/access_log
output.logstash:
  hosts: [192.168.0.102:5044]
```

可使用如下命令验证配置文件，将命令输出的配置内容与上述参考内容逐行进行对比，确认最终有效配置是否一致。

```
[root@web-01 filebeat]# grep -Ev "^$|[#]" /usr/local/filebeat/filebeat.yml
filebeat.inputs:
- type: log
  enabled: true
  paths:
```

```
    - /var/log/httpd/access_log
output.logstash:
hosts: [192.168.0.102:5044]
```

创建并编辑服务管理配置文件，配置以系统服务方式管理 Filebeat，命令如下。

```
touch /etc/systemd/system/logstash.service
vim /etc/systemd/system/logstash.service
```

在 vim 编辑器中执行如下命令。

```
[Unit]
Description=filebeat
Wants=network-online.target
After=network-online.target


[Service]
ExecStart=/usr/local/filebeat/filebeat --path.home /usr/local/filebeat
--path.config /usr/local/filebeat --path.data /var/lib/filebeat --path.logs
/var/log/filebeat
Restart=always
```

启动 Filebeat 服务，检查服务状态，命令如下。

```
systemctl start filebeat
systemctl status filebeat
```

此时无报错，即表示可以用服务方式管理 Filebeat。

设置 Filebeat 服务为开机自启动，命令如下。

```
systemctl enable filebeat
```

步骤 5：创建私有镜像。

在华为云主界面中选择左上角的"控制台"选项，进入管理控制台界面，选择"服务列表"→"计算"→"镜像服务 IMS"选项，如图 8-18 所示，进入 IMS 控制台界面。如果一台 ECS 需要被制作为镜像，则需要将该 ECS 关闭后，再进行下一步操作。这里以 web-1 作为 Filebeat 服务器。

图 8-18　选择"服务列表"→"计算"→"镜像服务 IMS"选项

单击"创建私有镜像"按钮，开始创建私有镜像，如图 8-19 所示。

图 8-19　创建私有镜像

根据创建私有镜像界面中的内容设置镜像类型和来源，单击"立即创建"按钮，如图 8-20 所示。

图 8-20　创建私有镜像界面

确认配置信息之后，勾选"我已阅读并同意……"复选框，单击"提交申请"按钮，完成镜像创建。镜像创建成功后，可以在控制台列表中查看与确认创建的镜像，如图 8-21 所示。

图 8-21　查看与确认创建的镜像

步骤 6：实验资源释放。

利用 ECS 服务器命令行，在操作系统内将服务器关闭，命令如下。

```
shutdown -h now
```

关闭服务器后进入华为云 Web 控制台，确认 ECS 服务器状态为"关机"。

8.3.4　部署 Logstash

Logstash 的部署采用华为云平台，包括 5 个步骤，分别是购买并登录 Logstash 节点、安装 Logstash、配置 Logstash、启动 Logstash、创建 Logstash 镜像。

步骤 1：购买并登录 Logstash 节点。

在华为云主界面中选择左上角的"控制台"选项，进入管理控制台界面。单击左侧快速访问栏中的"弹性云服务器 ECS"选项（也可以选择"服务列表"→"计算"→"弹性云服务器 ECS"选项），如图 8-22 所示，进入弹性云服务器界面。

图 8-22　单击"弹性云服务器 ECS"选项

弹性云服务器的主要配置参数如下。

（1）计费模式：按需计费。

（2）区域：华北-北京四（可以根据实际情况做出修改）。

（3）可用区：随机分配。

（4）CPU 架构：鲲鹏计算型。

（5）规格：通用计算增强型。

（6）规格名称：kc1.small.2 | 1vCPUs | 1GB。

（7）镜像类型：公共镜像。

（8）镜像：EulerOS 2.8 64bit with ARM。

（9）系统盘：通用型 SSD，40GB。

网络配置信息如下。

（1）网络：选择已创建的网络和子网，即 vpc-Logging 和 subnet-nodes，指定 IP 地址为 192.168.0.104。

（2）安全组：Sys-default。

（3）弹性公网 IP：暂不购买。

（4）购买数量：1 台。

高级配置信息如下。

（1）云服务器名称：logstash-1。

（2）登录凭证：密钥对，选择 KP 密钥对。

（3）云备份：暂不购买。

（4）云服务器组（可选）：不选择云服务器组。

（5）高级选项：不配置。

在 Windows 操作机中打开 SSH 工具 MobaXterm（也可以使用 PuTTY），在 MobaXterm 主界面中单击"New session"按钮，创建 kibana-1 的 SSH 连接 session 并登录 Logstash-1 主机。

步骤 2：安装 Logstash。

使用 mkdir 和 cd 命令创建并进入工作目录，再使用 wget 命令下载 Logstash 离线安装包，命令如下。

```
mkdir -p ~/workspace
cd ~/workspace
wget https://artifacts.elastic.co/downloads/logstash/logstash-7.12.0.tar.gz
```

使用 tar -xzvf 命令解压.tar 包，使用 mv 命令将 logstash-7.12.0 目录移动到/usr/local 目录下，使用 cd 命令切换当前工作目录至/usr/local/logstash/bin 并测试软件，命令如下。

```
tar -xzvf logstash-7.12.0-linux-aarch64.tar.gz
...
mv logstash-7.12.0 /usr/local/logstash
...
cd /usr/local/logstash/bin
```

步骤 3：配置 Logstash。

使用命令行启动 Logstash。在运行 Logstash 时，定义了一个名为 stdin 的 input 和一个名为 stdout 的 output，这样 Logstash 会按照某种格式返回用户输入的字符，命令如下。

```
./logstash -e 'input { stdin { } } output { stdout {} }'
```

注意：命令行中使用了-e 选项，该选项允许 Logstash 直接通过命令行接受设置，从而帮助用户反复测试配置是否正确。

启动 Logstash 后，在命令行中输入"hello"并按 Enter 键，若系统回显信息如下，则表示 Logstash 运行正常。

```
{
     "message" => "hello",
        "host" => "ecs-1-0002",
   "@timestamp" => 2021-11-20T07:30:33.564Z,
     "@version" => "1"
}
```

在/usr/local/logstash 路径下，使用 vim 命令修改配置文件 logstash.yml，输入"i"并按 Enter 键进入编辑模式，依照以下配置数据，配置 logstash.yml 中的配置项及其值。

```
pipeline.ordered: auto
http.host: Logstash 的主机 IP 地址
```

配置 Logstash 的 I/O 插件，创建并编辑配置文件，接收并处理来自 Filebeat 上报的日志数据。使用 vim 命令在/usr/local/logstash/conf.d/下创建 filebeat.conf 文件并对其进行编辑。

```
[root@logstash ~]# mkdir /usr/local/logstash/conf.d
[root@logstash ~]# vim /usr/local/logstash/conf.d/filebeat.conf
```

输入"i"并按 Enter 键进入编辑模式，按如下内容设置各参数。

```
input {
 beats {
  port => 5044
  client_inactivity_timeout => 300
  }
}
filter {
 grok {
  match => { "message" => "%{COMBINEDAPACHELOG}" }
 }
 date {
  match => [ "timestamp", "dd/MMM/yyyy:HH:mm:ss Z" ]
  target => ["datetime"]
 }
 geoip {
  source => "clientip"
  target => geoip
  add_field => [ "[geoip][coordinates]", "%{[geoip][longitude]}" ]
  add_field => [ "[geoip][coordinates]", "%{[geoip][latitude]}" ]
 }
 mutate {
  convert => [ "[geoip][coordinates]", "float" ]
 }
```

```
}
output {
  elasticsearch {
    hosts => [ "Elasticsearch 主机对应的内网 IP 地址" ]
    index => "access_log"
  }
  stdout {codec => rubydebug}
}
```

创建并编辑服务管理配置文件，配置以系统服务方式管理 Logstash，命令如下。

```
touch /etc/systemd/system/logstash.service
vim /etc/systemd/system/logstash.service
```

在 vim 编辑器中输入以下内容。

```
[Service]
Type=simple
User=root
Group=root
ExecStart=/usr/local/logstash/bin/logstash --path.settings /usr/local/logstash/
config --path.config /usr/local/logstash/conf.d --path.logs /var/log/logstash
Restart=always
WorkingDirectory=/
Nice=19
LimitNOFILE=16384


[Install]
WantedBy=multi-user.target
```

步骤 4：启动 Logstash。

启动 Logstash，命令如下。

```
systemctl start logstash
systemctl status logstash
```

设置 Logstash 开机自启动，命令如下。

```
systemctl enable logstash
```

步骤 5：创建 Logstash 镜像。

参考 8.3.3 小节的"步骤 5：创建私有镜像"，完成 Logstash 镜像的制作。

8.3.5 部署 Elasticsearch

用户可以收集日志或者交易数据，分析和挖掘这些数据，寻找趋势并进行统计、总结。在这种情况下，用户可以使用 Logstash 或者其他工具收集数据，再将数据存储到 Elasticsearch 中。

Elasticsearch 的部署采用华为云平台，包括 6 个步骤，分别是购买并登录 Elasticsearch 节点、配置运行环境、安装 Elasticsearch、启动 Elasticsearch、浏览器验证、创建 Elasticsearch 镜像。

步骤 1：购买并登录 Elasticsearch 节点。

参考 8.3.4 小节的"步骤 1：购买并登录 Logstash 节点"，完成 Elasticsearch 节点的购买及登录。

步骤 2：配置运行环境。

修改单进程最多可用于内存映射区的大小为 262145（Elasticsearch 要求最小为 262144）。通过使用 vim 命令，可以在/etc 路径下编辑 sysctl.conf 文件。输入"i"并按 Enter 键进入编辑模式，在/etc/sysctl.conf 文件中增加以下内容。

```
vm.max_map_count=262145
```

操作完成后，按 Esc 键退出编辑模式，输入":wq"并按 Enter 键，保存编辑并退出系统。使用 sysctl -p 命令，从/etc/sysctl.conf 中加载系统参数，使配置生效。

步骤 3：安装 Elasticsearch。

使用 mkdir 和 cd 命令创建并进入工作目录，再使用 wget 命令下载 Elasticsearch 离线安装包，命令如下。

```
mkdir -p ~/workspace
cd ~/workspace
wget https://artifacts.elastic.co/downloads/elasticsearch/elasticsearch-7.12.0-linux-x86_64.tar.gz
```

使用 tar -xzvf 命令解压.tar 包，使用 mv 命令将 elasticsearch-7.12.0 目录移动到/usr/local 目录下，在/usr/local/elasticsearch 路径下使用 vim 命令修改配置文件 elasticsearch.yml。输入"i"并按 Enter 键进入编辑模式，依照以下配置数据，配置 elasticsearch.yml 中的配置项及其值。

```
path.logs: /var/log/elasticsearch
network.host: Elasticsearch 的主机 IP 地址
http.port: 9200
discovery.type: single-node
```

使用 useradd 命令创建账户 elasticsearch，使用 chown 命令将指定文件的拥有者改为 elasticsearch，并配备权限（Elasticsearch 不支持使用 root 账户直接运行），命令如下。

```
useradd elasticsearch
chown -R elasticsearch:elasticsearch /usr/local/elasticsearch
```

退出 elasticsearch 账户，创建并编辑服务管理配置文件，配置以系统服务方式管理 Elasticsearch，命令如下。

```
touch /etc/systemd/system/logstash.service
vim /etc/systemd/system/logstash.service
```

在 vim 编辑器中输入以下内容。

```
[Unit]
Description=elasticsearch
After=network.target
[Service]
Type=simple
User=elasticsearch
Group=elasticsearch
```

```
ExecStart=/usr/local/elasticsearch/bin/elasticsearch
LimitNOFILE=100000
LimitNPROC=100000
Restart=no
PrivateTmp=true

[Install]
WantedBy=multi-user.target
```

步骤 4：启动 Elasticsearch。

启动 Elasticsearch，命令如下。

```
systemctl start elasticsearch
systemctl status elasticsearch
```

设置 Elasticsearch 开机自启动，命令如下。

```
systemctl enable elasticsearch
```

步骤 5：浏览器验证。

在 Windows 操作机中打开浏览器，在其地址栏中输入 http://云服务器内网 IP 地址:9200 并按 Enter 键。如果出现如下内容，则表示 Elasticsearch 部署完成。

```
{
  "name" : "els-01",
  "cluster_name" : "elasticsearch",
  "cluster_uuid" : "NXntR3oqRYud3rg6JrUxLg",
  "version" : {
    "number" : "7.12.0",
    "build_hash" : "1a2f265",
    "build_date" : "2021-03-18T06:17:15.410153305Z",
    "build_snapshot" : false,
    "lucene_version" : "8.8.0"
  },
  "tagline" : "You Know, for Search"
```

步骤 6：创建 Elasticsearch 镜像。

参考 8.3.3 小节的"步骤 5：创建私有镜像"，完成 Elasticsearch 镜像的制作。

8.3.6　部署 Kibana

Kibana 的部署采用华为云平台，包括 4 个步骤，分别是购买并登录 Kibana 节点、安装 Kibana、验证与索引创建、实验资源释放。

步骤 1：购买并登录 Kibana 节点。

登录华为云，在华为云主界面中选择左上角的"控制台"选项，进入管理控制台界面。单击左侧快速访问栏中的"弹性云服务器 ECS"选项（也可以选择"服务列表"→"计算"→"弹性云服务器 ECS"选项），进入弹性云服务器界面。

弹性云服务器的主要配置参数如下。

（1）计费模式：按需计费。

（2）区域：华北-北京四（可以根据实际情况做出修改）。

（3）可用区：随机分配。

（4）CPU 架构：鲲鹏计算型。

（5）规格：通用计算增强型。

（6）规格名称：kc1.small.2 | 1vCPUs | 1GB。

（7）镜像类型：公共镜像。

（8）镜像：EulerOS 2.8 64bit with ARM。

（9）系统盘：通用型 SSD，40GB。

网络配置信息如下。

（1）网络：选择已创建的网络和子网，即 vpc-Logging 和 subnet-nodes，指定 IP 地址为 192.168.0.104。

（2）安全组：Sys-default。

（3）弹性公网 IP：暂不购买。

（4）购买数量：1 台。

高级配置信息如下。

（1）云服务器名称：kibana-1。

（2）登录凭证：密钥对，选择 KP 密钥对。

（3）云备份：暂不购买。

（4）云服务器组（可选）：不选择云服务器组。

（5）高级选项：不配置。

在 Windows 操作机中打开 SSH 工具 MobaXterm（也可以使用 PuTTY），在 MobaXterm 主界面中单击"New session"按钮，创建 kibana-1 的 SSH 连接 session 并登录 kibana-1 主机。

步骤 2：安装 Kibana。

使用 mkdir 和 cd 命令创建并进入工作目录，命令如下。

```
mkdir -p ~/workspace
cd ~/workspace
```

使用 wget 命令下载 Kibana 离线安装包，命令如下。

```
wget https://artifacts.elastic.co/downloads/kibana/kibana-7.12.0-linux-x86_
64.tar.gz
```

输出信息如下。

```
...
Saving to: 'kibana-7.12.0-linux-aarch64.tar.gz'
100%[====================================>] 51,583,164  8.94MB/s   in 28s
2021-11-20 17:32:59 (1.75 MB/s) - 'kibana-7.12.0-linux-aarch64.tar.gz' saved
[51583164/51583164]
```

使用 mv 命令将 kibana-7.12.0 目录移动到/usr/local 目录下。在/usr/local/kibana 路径下修改配置文件 kibana.yml，命令如下。

```
vim /usr/local/kibana/config/kibana.yml
```

输入 "i" 并按 Enter 键进入编辑模式，依照以下配置数据，配置 kibana.yml 中的配置项及其值。

```
server.port: 5601
server.host: "192.168.0.104"
elasticsearch.hosts: ["http://192.168.0.103:9200"]
```

注意：192.168.0.104 为 Kibana 的主机 IP 地址，需以实际地址替换。

设置完成后，按 Esc 键退出编辑模式，输入 ":wq" 并按 Enter 键，保存编辑并退出系统。使用如下命令，确认最终有效配置是否与上述参考一致。

```
grep -Ev "^$|[#]" /usr/local/kibana/config/kibana.yml
```

通过命令行启动 Kibana，命令如下。

```
/usr/local/kibana/bin/kibana --allow-root
```

如果输出信息无报错，则代表启动正常，按 Ctrl+C 组合键停止服务，继续下一步操作。

配置以系统服务方式管理 Kibana，创建并编辑服务管理配置文件，命令如下。

```
touch /etc/systemd/system/kibana.service
vim /etc/systemd/system/kibana.service
```

在 vim 编辑器中输入以下内容。

```
[Unit]
Description=kibana
After=network.target
[Service]
Type=simple
User=root
Group=root
ExecStart=/usr/local/kibana/bin/kibana --allow-root
LimitNOFILE=100000
LimitNPROC=100000
Restart=no
PrivateTmp=true


[Install]
WantedBy=multi-user.target
```

输入完成后，按 Esc 键退出编辑模式，输入 ":wq" 并按 Enter 键，保存编辑并退出系统。

启动 Kibana，命令如下。

```
touch /etc/systemd/system/kibana.service
vim /etc/systemd/system/kibana.service
```

此时无报错即表示可以用服务方式管理 Kibana。

设置 Kibana 开机自启动，命令如下。

```
systemctl enable kibana
```

步骤 3：验证与索引创建。

打开浏览器，在其地址栏中输入 URL（http://Kibana 云服务器私网 IP 地址:5601）并按 Enter 键。如果出现图 8-23 所示内容，则表示 Kibana 部署成功。

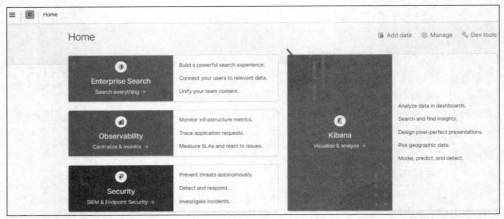

图 8-23　Kibana 部署成功

单击右侧 Kibana 区域，进入 Kibana 管理界面，单击"Add your data"按钮进行索引配置，如图 8-24 所示。

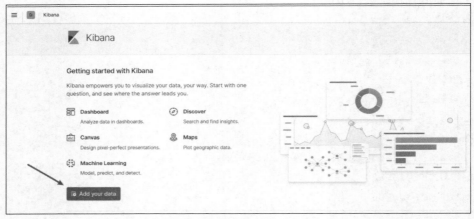

图 8-24　单击"Add your data"按钮

单击"Create index pattern"按钮，开始创建索引，如图 8-25 所示。

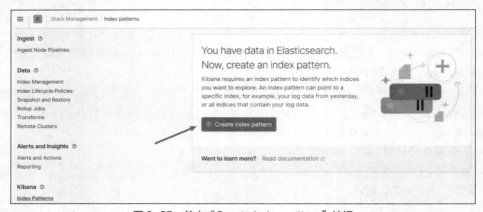

图 8-25　单击"Create index pattern"按钮

在"Index pattern name"文本框中输入索引名，如图 8-26 所示，单击"Next step"按钮。

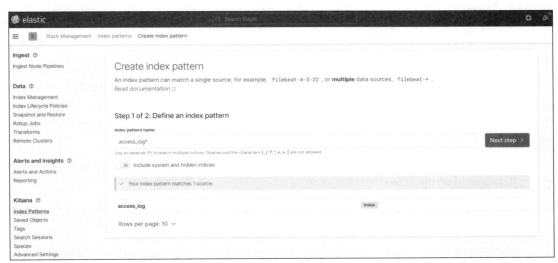

图 8-26　输入索引名

此时将显示配置项，单击"Create index pattern"按钮，创建索引，如图 8-27 所示。

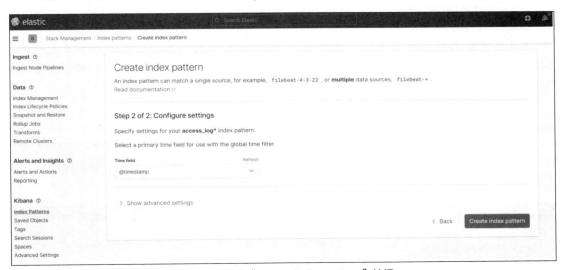

图 8-27　单击"Create index pattern"按钮

步骤 4：实验资源释放。

利用 ECS 服务器命令行，在操作系统内将服务器关闭，命令如下。

```
shutdown -h now
```

关闭服务器后进入华为云 Web 控制台，确认 ECS 服务器状态为"关机"。

8.4　应用日志处理与分析

在分析鲲鹏招聘系统的 Web 日志时，可以使用云上的 CPTS 工具进行模拟访问，可模拟的数据包括访问次数、停留时间、访问 IP 地址、网络爬虫操作及 HTTP 状态码等。通过对这类模拟操作产生的日志数据进行分析，可以得到一些统计结果，并推测可能发生的实际事件。具体事件举例如下。

（1）根据访问者 IP 地址短时间的出现次数，判断是否受到攻击。

（2）根据访问者 IP 地址的来源，分析主要用户的地域来源。

（3）根据每个 Web 应用的流行程度，可以制定一份具有不同时间间隔、正常访问量阈值的报表。对比这份报表和监控的每个 IP 地址在单位时间范围内的访问量，可以分析出该 IP 地址是否正在进行违规访问操作。

（4）根据网络爬虫访问次数、停留时间、抓取量 3 项数据，可以得知平均每次抓取界面数、单页抓取停留时间和平均每次停留时间。

针对以上事件的分析结果，如果进一步使用可视化分析，即使用图表进行呈现，则能够更容易、更直观地观测应用系统访问的关键过程、实际结果和趋势。

8.4.1　用户日志数据模拟

为了验证集群处理百万级日志的性能，可以使用华为云 CPTS 对 Web 集群进行大量访问，从而产生海量日志。

用户日志数据模拟采用华为云平台，即在华为公有云上部署，包括 3 个步骤，分别是测试资源准备、创建并执行测试任务、实验资源释放。

步骤 1：测试资源准备。

在 CPTS 云性能测试服务控制台左侧单击"总览"按钮，进入总览界面，可以查看现有的测试资源包。如果没有测试资源包，则单击该界面右上角的"免费领取服务套餐包"或"购买服务套餐包"超链接获取。

步骤 2：创建并执行测试任务。

在获取了测试资源包后，可以创建并执行测试任务。

首先，创建 CPTS 测试工程和任务。在 CPTS 云性能测试服务控制台左侧选择"CPTS 测试工程"选项，单击"创建测试工程"按钮，创建一个名为 httpd_test 的测试工程，如图 8-28 所示，单击"确定"按钮。

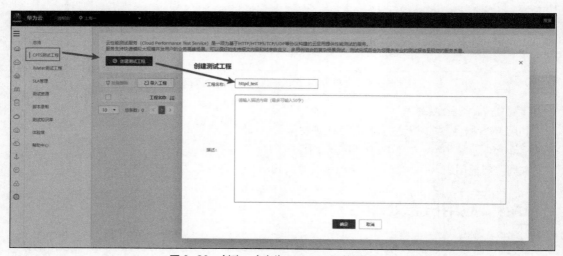

图 8-28　创建一个名为 httpd_test 的测试工程

其次，进入工程内部，开始添加测试任务。单击"添加任务"按钮，在打开的"添加任务"对话框中添加一个名为 web-index 的测试任务，如图 8-29 所示，单击"确定"按钮。

图 8-29 添加一个名为 web-index 的测试任务

在任务内部添加测试用例，此处添加一个名为 case-01 的测试用例，如图 8-30 所示，单击"确定"按钮。

图 8-30 添加一个名为 case-01 的测试用例

在用例中添加请求，如图 8-31 所示，详细配置如下。

（1）请求名称：默认或自定义均可。

（2）协议类型：HTTP。

（3）请求方式：GET。

（4）响应超时：5000（单位为毫秒）。

（5）携带 cookie：自动获取。

（6）请求地址：http:// ELB 公网 IP 地址/。

（7）其他参数：保持默认即可。

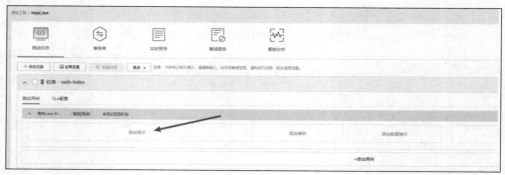

图 8-31 添加请求

添加阶段，如图 8-32 所示，详细配置如下。

（1）阶段名称：默认或自定义均可。

（2）并发用户：100。

（3）并发百分比：100。

（4）持续时间：20（单位为分钟）。

图 8-32 添加阶段

至此，完成了一个测试任务的添加。

最后，在测试任务右上角单击"启动"按钮，在弹出的"启动测试任务"对话框的"资源组类型"下拉列表中选择"共享资源组（CPTS 测试工程）"选项，如图 8-33 所示。再次单击"启动"按钮，即可开始云上 CPTS 测试。

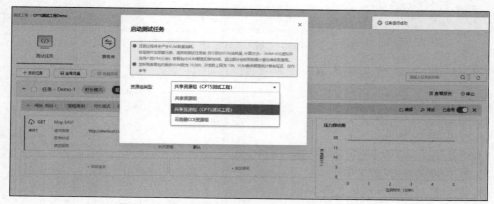

图 8-33 选择"共享资源组（CPTS 测试工程）"选项

测试开始后，在"启动测试任务"对话框中单击"查看报告"按钮，如图 8-34 所示，可以查看实时测试报告。

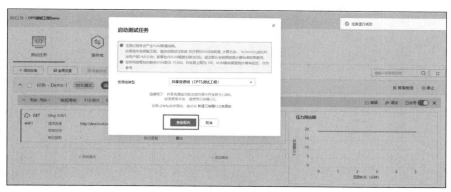

图 8-34　单击"查看报告"按钮

步骤 3：实验资源释放。

利用 ECS 服务器命令行或 Web 控制台，在操作系统内将服务器关闭（如果超过 4h 不进行后续实验，则必须将服务器关闭；如果需继续进行实验，则无须将服务器关闭），命令如下。

```
shutdown -h now
```

关闭服务器后进入华为云 Web 控制台，确认 ECS 服务器状态为"关机"即可。

8.4.2　应用日志可视化分析

在 ELK 收集了大量的日志数据后，为了便于分析日志数据，Kibana 提供了可视化视图和仪表盘，用于展示日志数据及其分析结果。

应用日志可视化分析使用了华为云平台，包括两个步骤，分别是创建可视化图表、实验资源释放。

步骤 1：创建可视化图表。

登录 Kibana 后，在左侧导航栏中选择"Visualize Library"选项，单击"Create visualization"按钮，新建视图，如图 8-35 所示。

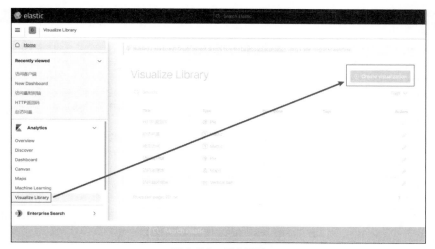

图 8-35　新建视图

181

在给出的图表类型中选择"Metric"（指标图）选项，如图 8-36 所示。

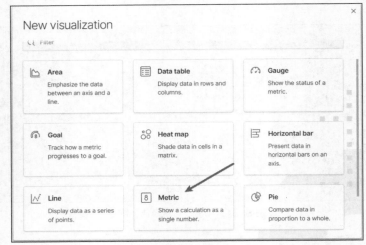

图 8-36　选择"Metric"选项

选择图表创建所需的索引，如图 8-37 所示，跳转到图表制作界面。

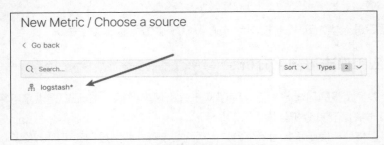

图 8-37　选择图表创建所需的索引

（1）创建集群的总访问量图表。

创建集群的总访问量（也可以理解为集群的总日志数量）图表，其参数设置如图 8-38 所示。

图 8-38　集群的总访问量图表的参数设置

确认数据和图示正确后，单击"Update"按钮，进行刷新。确认无误后单击该界面右上角的"Save"按钮，在弹出的对话框中输入图表名称"总访问量"后，即可进行保存并退出操作。

（2）创建独立访客图表。

使用同样的方法创建独立访客图表，其参数设置如图 8-39 所示。

图 8-39　独立访客图表的参数设置

（3）创建访问客户端饼图和 HTTP 返回码饼图。

在左侧导航栏中选择"Visualize Library"选项，单击"Create visualization"按钮，新建视图。在给出的图表类型中选择"Pie"（饼图）选项，如图 8-40 所示。

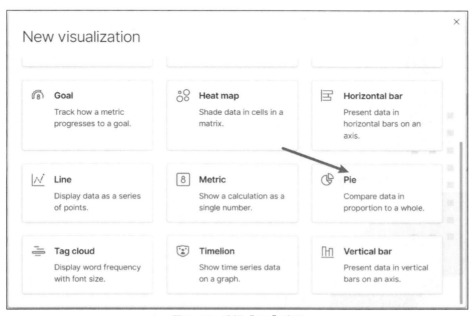

图 8-40　选择"Pie"选项

访问客户端饼图的数据源于 Web 主机，其主要参数设置如图 8-41 所示。

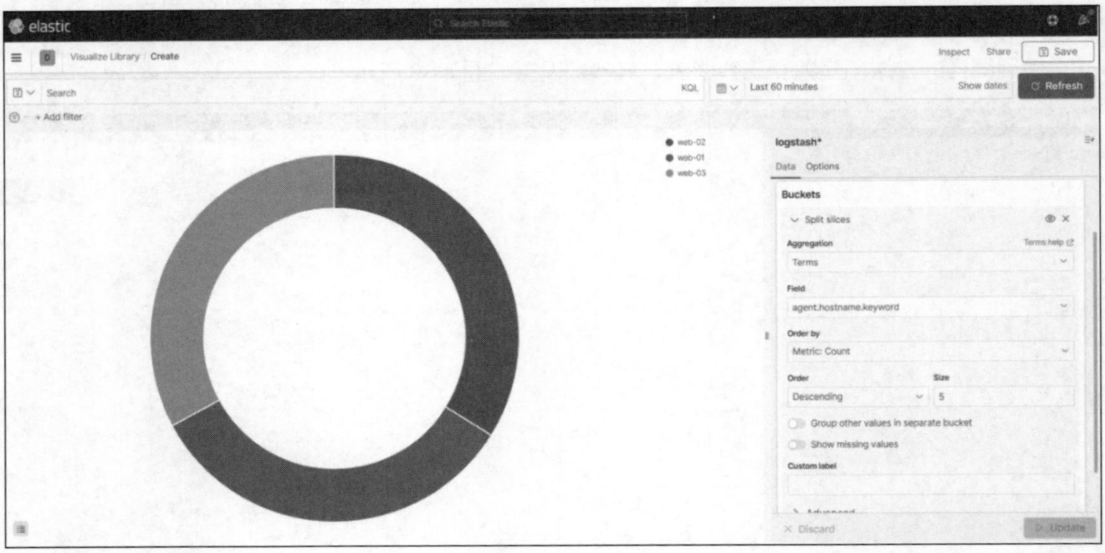

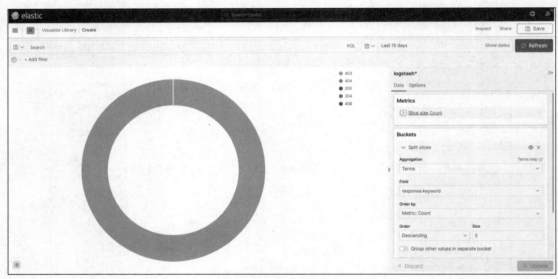

图 8-41　访问客户端饼图的主要参数设置

HTTP 返回码饼图的数据源于 response，其主要参数设置如图 8-42 所示。

图 8-42　HTTP 返回码饼图的主要参数设置

（4）创建访问量时间分布柱状图。

当希望知道访问量的时间分布时，可以时间轴为参考线，以访问量为数值进行柱状排布。在左侧导航栏中选择"Visualize Library"选项，单击"Create visualization"按钮，新建视图。在给出的图表类型中选择"Vertical bar"（柱状图）选项，如图 8-43 所示。

访问量时间分布柱状图的主要参数设置如图 8-44 所示。

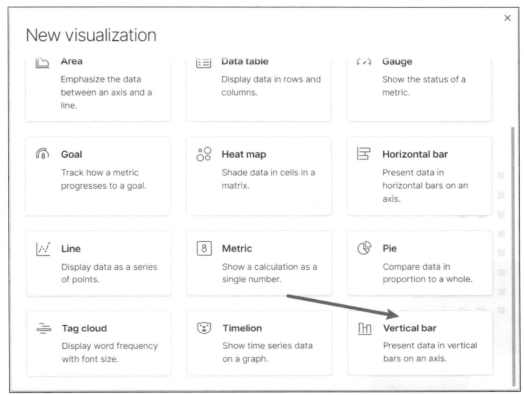

图 8-43　选择"Vertical bar"选项

图 8-44　访问量时间分布柱状图的主要参数设置

（5）创建根据访问 IP 地址来源定位的地图图表。

使用 GeoIP 过滤和地图工具可以对用户来源的地理位置进行分析。在左侧导航栏中选择"Visualize Library"选项，单击"Create visualization"按钮，新建视图。在给出的图表类型中选择"Maps"（地图）选项，如图 8-45 所示。

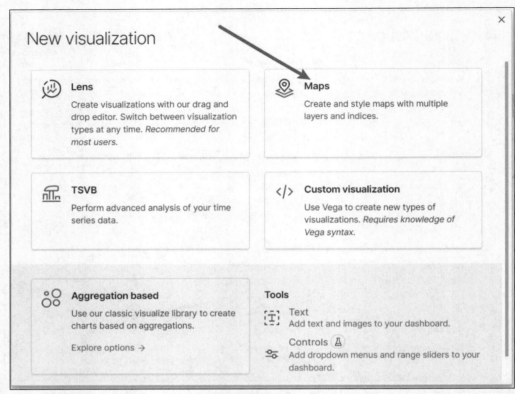

图 8-45　选择"Maps"选项

单击"Add layer"按钮，选择"Clusters and grids"选项，如图 8-46 所示。

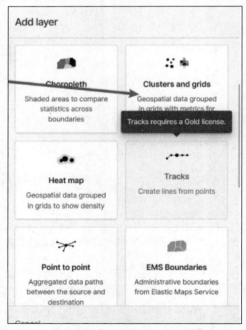

图 8-46　选择"Clusters and grids"选项

当前层主要参数如下：Index pattern（索引模式）、Geospecial field（地理空间字段）和 Show as（显示）。当这 3 个参数分别设置为"logstash""geoip.location""clusters"时，Kibana 能够访问和分析数据，利用这些信息在地图上呈现数据的聚类，进行地理位置相关分析和可视化。

（6）创建日志监控仪表盘。

上述单独创建的可视化图表可以组成一个大的仪表盘，用于在总体上呈现日志管理系统对某一目标源的分析情况。在左侧导航栏中选择"Dashboard"选项，单击"Create new dashboard"按钮，如图 8-47 所示。

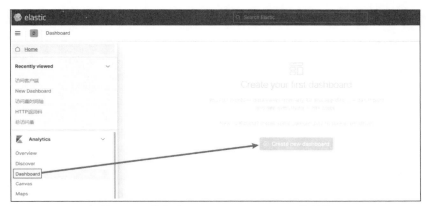

图 8-47　单击"Create new dashboard"按钮

单击"Add from library"按钮，将上述创建的可视化图表全部加入进来，如图 8-48 所示，并进行合理排版。

图 8-48　将创建的可视化图表全部加入进来

此时，日志监控仪表盘的部分内容如图 8-49 所示。

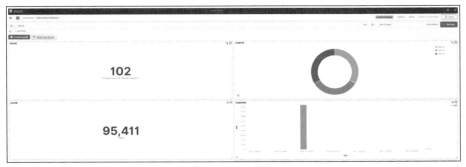

图 8-49　日志监控仪表盘的部分内容

确定好排版后,单击日志监控仪表盘右上角的"Save"按钮,即可保存新建的仪表盘。

步骤 2:实验资源释放。

利用 ECS 服务器命令行或 Web 控制台,在操作系统内将服务器关闭(如果超过 4h 不进行后续实验,则必须将服务器关闭;如果需继续进行实验,则无须将服务器关闭),命令如下。

```
shutdown -h now
```

关闭服务器后进入华为云 Web 控制台,确认 ECS 服务器状态为"关机"。

8.5 本章练习

1. 日志有哪些分类?
2. 什么是 ELK 日志管理系统?